"十二五"国家科技支撑计划课题
典型类型村镇规划编制实施技术研究与示范（2014BAL04B02）

中国快速发展村庄规划

张 雪 熊 燕 何小娥 刘艺青 等著

科 学 出 版 社
北 京

内 容 简 介

我国村庄具有异质性和多样性特征，对建设指导的需求不同，分类管理势在必行。本书提出重点关注快速发展村庄的规划编制，通过对全国村庄建设情况的定性和定量分析，对快速发展村庄进行了界定和识别，进而依据推动村庄发展的动因机制将其细分，以普遍存在的六种细分亚类村庄为研究对象，在此基础上构建快速发展村庄规划体系，提出有针对性的快速发展村庄规划，为快速发展村庄提供一定程度的参考与指引。

本书可供大专院校城乡规划相关专业师生以及村庄规划领域的规划师、工程技术人员、管理人员阅读，也可供关心乡村建设的人士阅读。

图书在版编目（CIP）数据

中国快速发展村庄规划 / 张雪等著.—北京：科学出版社，2018.7

“十二五”国家科技支撑计划课题

ISBN 978-7-03-057469-5

Ⅰ. ①中… Ⅱ. ①张… Ⅲ. ①乡村规划-研究-中国 Ⅳ. ①TU982.29

中国版本图书馆 CIP 数据核字（2018）第 093366 号

责任编辑：李晓娟 / 责任校对：王 瑞

责任印制：张 伟 / 封面设计：铭轩堂

科学出版社出版

北京东黄城根北街 16 号

邮政编码：100717

http://www.sciencep.com

北京虎彩文化传播有限公司 印刷

科学出版社发行 各地新华书店经销

*

2018 年 7 月第 一 版 开本：720×1000 B5

2018 年 7 月第一次印刷 印张：10 3/4

字数：300 000

定价：128.00 元

（如有印装质量问题，我社负责调换）

《中国快速发展村庄规划》撰写委员会

主　笔　张　雪

副主笔　熊　燕　何小娥　刘艺青

成　员　（按姓名汉语拼音排序）

白　静　陈　玲　陈田野　季丽丽

李　妍　李崇雷　林山红　孟亚凡

钱星宇　石　卿　王新鹏　王欣桐

杨　莹　郑正献

前　言

本书是“十二五”国家科技支撑计划课题“典型类型村镇规划编制实施技术研究与示范”（2014BAL04B02）的研究成果。

我国村庄建设领域的技术导则多在“十一五”期间编制，在城镇化深入推进、乡村振兴如火如荼的现今，难以满足现阶段村庄产业和社会变革等方面的发展诉求。我国村庄具有异质性和多样性特征，这种差异给规划建设引导带来困难，分类精准化管理势在必行。但现行对村庄的类型划分庞杂多样，在全国范围内缺乏统一的政策分类实施标准。城乡发展实际工作中，并不是所有村庄都需要编制内容完备的规划文本，对建设发展缓慢甚至停滞的村庄而言，村庄整治规划、农房建设规划已经能够满足其建设指导需求，“一刀切”的规划编制要求往往导致这些村庄规划出现发展目标设置过高、产业规划内容空洞和近期建设规划可实施性差等问题。因此，本书提出村庄规划编制重点应为快速发展村庄，通过对快速发展村庄的形成动因机制和建设特征问题等方面进行细分，有针对性地提出规划编制内容组织、管理深度、技术要点，为快速发展村庄规划编制提供一定程度的参考与指引。

全书共计五章。第一章和第二章对全国村庄发展现状与政策导向、村庄统计数据情况、常见的村庄类型划分标准进行了概述，提出快速发展村庄识别方法。第三章运用理论研究和案例分析等方法，总结出快速发展村庄的动因机制、建设特征、发展问题与规划需求。第四章提出快速发展村庄规划编制的内容框架，分别就各项编制内容，详细阐述了规划内容和技术方法的要点。第五章从项目、制度、资金层面提出快速发展村庄规划的实施保障要点。后将《快速发展村庄规划编制技术措施（草案）》列为附录。

本书第一章由张雪、王新鹏、林山红、李崇雷合作完成，第二章由张雪、李妍、杨莹、何小娥合作完成，第三章由熊燕、刘艺青、张雪、陈田野合作完成，第四章由孟亚凡、刘艺青、张雪、熊燕合作完成，第五章由张雪、刘艺青合作完成，书中案例收集整理由林山红、钱星宇、王欣桐、白静合作完成。作者在研究与写作过程中，得到了城镇规划设计研究院众多领导和同事的关心、帮助与支持，使本书得以顺利完成，在此对他们表示衷心的谢忱。

由于笔者水平有限，书中不当之处在所难免，希望读者不吝批评、指正。

张　雪

2018 年 3 月

目　　录

第一章　绪　　论

第一节　我国村庄发展概述

村庄是人类聚居的最原始形态，村庄进一步发展形成了镇，镇的人口和规模不断扩大，演变为城市。伴随整个城市化进程，“村庄”概念的内涵及外延不断发展变化。

一、“村庄”概念界定

我国政策规定，人口规模达不到镇乡级别的农村居民点，称之为“村”或“村庄”（表 1-1 和表 1-2）。根据是否设立行政管理组织，有行政村和自然村的区别。行政村指由村民委员会进行村民自治的管理范围，是我国最基层的行政单位。自然村没有独立的党支部和村民委员会，是农村居民聚居生活的村落。通常情况下，一个行政村包含若干自然村，但也存在一个大规模的自然村分为几个行政村的情况。考虑到目前农村数据多以行政村为统计单元，村庄规划实施主体以村民委员会为主，无特殊说明时，本书中的“村庄”指行政村。

表 1-1　《村镇规划标准》（GB 50188—93）对村庄的界定　（单位：人）

村镇层次 / 常住人口数量 / 规模分级	村庄		集镇	
	基层村	中心村	一般镇	中心镇
大型	>300	>1 000	>3 000	>10 000
中型	100～300	300～1 000	1 000～3 000	3 000～10 000
小型	<100	<300	<1 000	<3 000

表 1-2　《镇规划标准》（GB 50188—2007）对村庄的界定　（单位：人）

规划人口规模分级	镇区	村庄
特大型	>50 000	>1 000

续表

规划人口规模分级	镇区	村庄
大型	30 001～50 000	601～1 000
中型	10 001～30 000	201～600
小型	≤10 000	≤200

二、新时期村庄价值

（一）与自然环境直接作用的资源转化界面

村庄是富集多样化资源的开放性聚落空间。原始畜牧业和农业分离的第一次社会大分工形成了分散的乡村聚落，乡村多坐落于自然资源丰富、生态环境优良的地区。受地理、历史和生产水平等发展因素的影响，乡村经历了自然经济、商品经济、农业集体化和市场经济等社会发展阶段，由一个个相对封闭的传统自然村庄社会逐步过渡到了农村社区与小城镇社区并存，城乡联系不断加强，村庄的开放性不断扩大。乡村始终与自然保持着极高的关联度，是一个自然与人文相对融合的空间聚落。

村庄是供养城镇持续发展的物质保障地。乡村与城市在生产方式上形成了明确分工，乡村以从事农、林、牧、渔等种养殖业为主要经济来源。城市以工业、商业和服务业作为经济的主要发展方向。农村为城市居民生活及城市产业发展提供充足的生产资料，是城市生产与生活良性运行的重要保障。同时，城市为农村提供现代化的生活产品与生产工具，科普农业科技知识，促进农业的现代化。

村庄是城乡游憩活动开展的重要目的地。受城市化进程的加速、城市居民逃避城市压力需求的增长、社会闲散资金的流入及农村以发展旅游作为当地脱贫致富的途径等因素的影响，乡村已经成为重要的休闲度假旅游目的地，乡村旅游是地区经济发展和经济多样化的动力之一。乡村以其辖区内丰富的自然资源和人文资源为基础，通过专业的设计与市场化开发，村庄特色明显。依据乡村旅游活动的内容，可将乡村旅游划分为古村落旅游和现代农业旅游。这两种旅游以乡村的自然聚落肌理及生产性文化场所为依托，是地域性乡村文化的集中体现。

村庄也是生产生活污染与自然环境保护之间矛盾的集中表现地区之一。乡村地区环境污染是城镇化过程中的重要问题。目前，我国正处于社会主体工业化的初期阶段，社会、经济、环境的各种问题突发，经济仍然是以粗放型的经济生产方式为主，造成了乡村环境的污染及其破坏，在一定程度上忽视了对农村环境的保护。目前乡村地区的环境污染主要包括两种类型，一种为农业生产型的污染，另一种为工业生产型的污染。农业生产型污染包括农药、化肥的施用造成的农业面源污染；农用地膜等不易于降解的固体废弃物污染；秸秆焚烧造成的大气污染；农村生活垃圾及人畜粪便随意堆放下渗造成的水体污染。工业生产型污染主要为企业厂矿生产形成的废气、废水、固体废弃物排放过程中的转嫁污染。这些污染将原本人文与生态自然相融合的地区推向了矛盾的对立面，并对城镇化的发展造成了负面影响，产生了新的社会问题。

（二）自发形成且最基本普遍的居民点类型

村庄是具有相似背景人群的自然生活聚落。受血缘关系、地缘关系、行政关系和业缘关系等因素的影响，自发形成了一个个在空间上相对独立的村庄，村庄内居民具有相似的文化认知与背景。因此，各自然村在历史文化、建筑形式、民间技艺、饮食习惯和婚俗嫁娶等内容上具有较为相似之处，村庄的文化特征较为明显。在乡村社会群体划分的影响下，村庄内部的农业劳动者被分化为农业生产者、农民工、个体工商户和私营企业主等不同的职业群体，村民在社会地位、经济收入、价值观念及生活方式等方面逐渐出现了一定的差异，这推动了乡村人口的流动与城镇化的发展。

村庄是承载乡村社会经济生活的空间基础。乡村的社会生活受历史环境、人文因素与管理制度的影响，与城镇的社会生活存在较大差异，主要体现在产业结构、经济生产方式和景观形态等典型的单一化农村化特征，同时乡村的生活习俗、人口素质与认知等因素直接影响了乡村的社会生活方式，进而形成了乡村地区特有的经济、社会生活的运行模式。据 2010 年第六次全国人口普查数据，约 6.7 亿人口居住在乡村，占全国总人口的 50.32%，村庄与城市、城镇一样承载着社会、经济的正常运行，是社会发展与稳定的重要空间载体。

村庄是广大乡村地区社会组织与交流的载体。村庄的分布在空间分布上相对分散，是多个民居聚落的组合，是新时期乡村地区的组织方式，以村庄为单位，便于乡村地区划分与管理。我国正处于农村现代化转型的关键时期，以村庄为行政管理单位，组织广大农民群众，投入产业结构与产业群组的重大转移中，建设新的农村社区。以村庄为单位优化社会生活空间，可以增进与其他村庄的交流与合作，能够有效促进整个乡村地区的经济发展、社会事业和公共服务等内容，推进区域构建城乡经济合作与组织行动框架，使乡村地区联系城市，构建自身发展特色的平台。

（三）保留传承民俗传统的文化根基

村庄是历史遗存的重要空间载体。村庄是人类聚居与生产生活活动的基本场所，经历漫长的人与空间相互影响和改造，逐渐形成了适应本地自然环境和文化风俗的居住形态、耕作技能、建造工艺。因此，村庄的房屋形制、建筑布局、林田景观和土地使用方式等，共同构成展示地方特色的重要载体。国家级和省级历史文化名村评选是对村庄历史遗存的一种动态保护管理手段，重点保护村内文物、集中成片的历史建筑、村庄传统格局与历史风貌、代表性传统产业设施或重大建设工程设施。但历史文化名村数量有限，大量拥有历史遗存却不够入选门槛的村庄依然疏于保护。

村庄是民俗文化与民间技艺保留与传承的活化展示场所。梁漱溟先生曾将乡村描述为："中国社会是以乡村为基础，并以乡村为主体，所有文化多半是从乡村而来，也为乡村而设。乡村就是中国社会文化的根。"在历史积淀的过程中，以村庄为单位形成了丰富的民俗文化、民间习俗、手工技艺和文化节事等传统文化，村民成为这些传统文化的应用主体，村庄也成为"活"的历史文化传承与展示的场所。拥有物质形态和非物质形态文化遗产，具有较高的历史、文化、科学、艺术、社会、经济价值的村落，可申报国家传统村落，对承载中华传统文化精华、展现农耕文明的文化遗产进行保护。

"乡土"向"离土"转变的社会结构变革，使传统文化的保护与保存面临威胁。费孝通先生提出，中国社会是乡土性的，乡土社会的特征之一是世代定居，生于斯、死于斯，"终老是乡"。而在城市化的发展进程中，传统的"乡土"向"离土"转变，即农村人口向城市迁移，乡村的生产与生活方式向城市生产生活方式进行转化，这一社会现象造成村庄内大量的物质文化遗产被改造与拆除，主要表现为对寺庙、古民居、戏台、古院落的拆除，而被新的建筑形式取代，或变得残损不堪，无人问津。基于堪舆形成的村落选址也被拆村并点等现代化的城市规划手段取代。民间曲艺、手工随着青壮年人群的外出而不得传承，致使村民审美迷失、村庄特有的历史建筑与民间技艺逐渐失传，乡村传统文化的保护在快速城镇化发展进程中面临较大威胁。

（四）现代化进程不可或缺的中坚力量

村庄急需经济、政治、社会、生态与文明的现代化建设。农村现代化是在农村地区实现产业工业化、农村城镇化、农业现代化和农村信息化等涉及农村各个方面的一种全面性的进步，包含了农村地区在物质文明、政治文明、精神文明和生态文明等方面的内容。农村现代化包括了农村地区的经济快速增长、农村社会的和谐进步、农村生态环境的可持续发展，并涉及农民自身的发展和农村制度的完善等一系列内容。因此，农村现代化要积极稳妥地逐步实现建设现代化农村、发展现代化农业和培育现代化农民，推进“三农”问题的有效解决。

村庄现代化是实现城乡一体化发展的重要基础。实现城乡一体化需要农村现代化与城镇化的协同发展。推进农村现代化是重要的发展动因，提升农业生产效率势必造成大量的农村剩余人口向城镇第二产业、第三产业转移，为城镇化提供劳动力与生产资料的保障。农村现代化解决了农村地区在科教文卫服务、收入提升和社会保障等方面的问题，减少农村与城镇的生活差距，使农民与城镇居民在收入上共同增长，人居环境与生态环境同步改善，为实现城乡一体化发展提供支撑基础。

三、全国村庄建设现状

（一）行政村数量减少，用地总量不减反增

受到户籍和土地等制度的影响，全国农村登记的户籍人口和暂住人口总量始终稳定在 7.9 亿人左右，自然村数量在 260 万～270 万个。但相当数量的自然村实际居住人口在持续减少，必须通过迁并等方式维持设施服务最低人口规模，行政村的数量变化可以侧面反映出村庄实际居住人口减少的事实。2007 年全国有行政村 57.16 万个，2016 年下降至 52.62 万个；然而，村庄用地面积却并未随之减少，2007 年约为 1390 万公顷，2012 年达到 1409 万公顷，2016 年降回 1392 万公顷（图 1-1）。

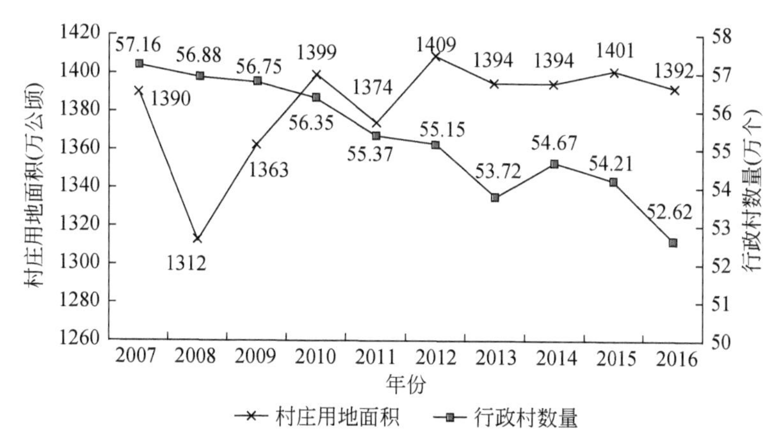

图 1-1　2007～2016 年全国行政村数量与村庄用地面积变化趋势

资料来源：住房和城乡建设部，2007～2016

（二）房屋建设投资增加，农房住宅为主体

无论从建筑面积占比，还是新增建设投资来看，农房住宅一直是农村房屋建设的主体。据统计，多年来全国村庄年末各类房屋面积占比变化不大，农房住宅、公共建筑、生产性建筑的建筑面积比例约为 90∶4∶6。2007～2016 年村庄房屋建设投资总额增长了 1 倍，农房住宅投资额占比也从 2007 年的 65.67%上升至 2016 年的 81.37%（表 1-3）。

表 1-3　2007～2016 年村庄房屋情况

年份	当年房屋建设投资总额（亿元）	年末实有建筑面积（亿平方米）	农房住宅		公共建筑		生产性建筑	
			当年投资额占比（%）	年末实有建筑面积占比（%）	当年投资额占比（%）	年末实有建筑面积占比（%）	当年投资额占比（%）	年末实有建筑面积占比（%）
2007	2928.22	246.77	65.68	90.23	9.77	3.87	24.55	5.90
2008	3501.35	260.52	73.06	87.23	8.91	5.16	18.02	7.61
2009	4536.76	264.13	76.17	89.73	7.44	4.16	16.39	6.11
2010	4586.20	269.55	74.38	90.00	8.31	3.91	17.30	6.10
2011	4988.05	272.20	75.64	90.03	8.23	3.85	16.12	6.12
2012	5760.86	275.69	74.86	89.90	7.90	3.78	17.26	6.33
2013	6333.94	278.41	77.34	90.03	7.24	3.74	15.43	6.24
2014	6380.35	280.83	78.67	90.22	9.39	3.73	17.71	6.05
2015	6284.41	282.53	80.51	90.32	10.48	3.79	13.74	5.89
2016	6200.79	283.25	81.37	90.42	7.84	3.75	10.80	5.84

资料来源：住房和城乡建设部，2007～2016

（三）市政公用设施投资力度加大

2007～2016 年，全国村庄的建设总投资额增长了 135%，村庄市政公用设施投资增长速度超过了房屋，其占总投资比例由 2007 年的 17.38%提高至 2016 年的 25.48%（表 1-4）。村庄市政公用设施包括道路桥梁、供水、排水、防洪、园林绿化、环境卫生和其他，自 2009 年起将燃气、集中供热、污水处理和垃圾处理也作为投资重点。从覆盖程度来看，实现集中供水、对生活垃圾进行处理的行政村在 2016 年已超过了 60%，2008～2015 年是农村生活垃圾治理推行的快速时期，2015 年之后建设重点转为农村生活污水治理。仅一年时间，全国对生活污水进行处理的行政村占比由 2015 年的 11.4%提高至 2016 年的 20%（图 1-2）。

表 1-4　2007～2016 年房屋和市政公用设施投资

年份	总投资额（亿元）	房屋投资额（亿元）	房屋投资占总投资比例（%）	市政公用设施投资额（亿元）	市政公用设施占总投资比例（%）
2007	3544	2928	82.62	616	17.38
2008	4294	3501	81.53	793	18.47
2009	5400	4537	84.02	863	15.98
2010	5692	4587	80.59	1105	19.41
2011	6204	4988	80.40	1216	19.60
2012	7420	5760	77.63	1660	22.37
2013	8183	6333	77.39	1850	22.61
2014	8088	6381	78.89	1707	21.11
2015	8203	6284	76.61	1919	23.39
2016	8320	6201	74.53	2120	25.48

资料来源：住房和城乡建设部，2007～2016

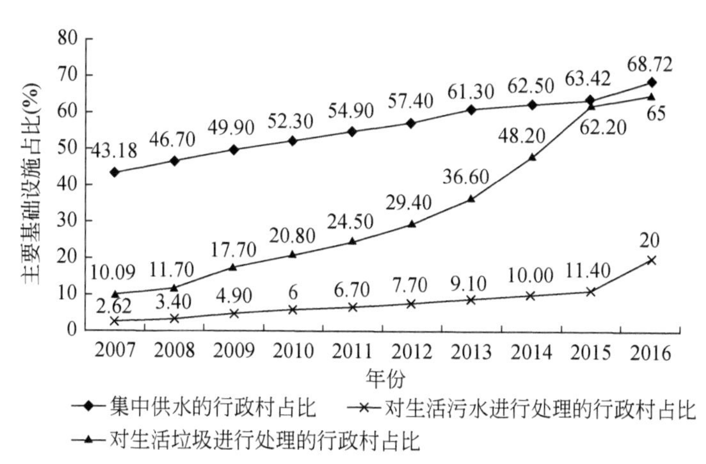

图 1-2　2007～2016 年全国行政村主要基础设施占比

资料来源：住房和城乡建设部，2007～2016

（四）村庄规划整治覆盖程度提高

科学合理布局农村，改善农村风貌，创造良好的农村环境成为我国农村发展的趋势。统计数据显示，2007～2016 年村庄规划编制和村庄整治都保持了良好增速。到 2016 年已有 61.46%的行政村编制了规划，54.03%的行政村开展了村庄整治，同时自然村规划编制占比也提高至 31.73%（图 1-3）。

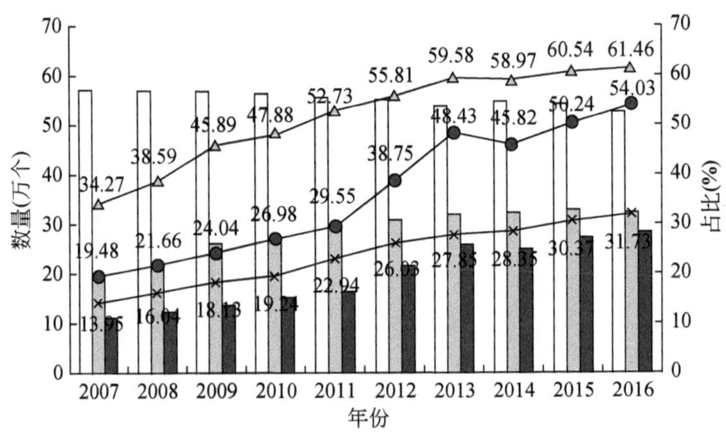

图 1-3　2007～2016 年全国农村规划编制及整治情况

资料来源：住房和城乡建设部，2007～2016

四、农村发展政策变革

（一）发展理念突出城乡平等

1979 年党的十一届四中全会通过了《中共中央关于加快农业发展若干问题的决定》，拉开我国农村改革的序幕。1982～1986 年，中央连续发出 5 个以“三农”为主题的中央 1 号文件推进农村的改革和发展，在“家庭联产承包责任制”“政社分离”及农产品流通体制等改革举措的推动下，农业增产和农村发展经历了前所未有的黄金时期（1978～1984 年）。2002 年，党的十六大首次提出要统筹城乡经济社会发展。2003 年，党的十六届三中全会明确提出要“统筹城乡发展”，并提出要全面取消农业税。2004～2018 年，中共中央和国务院又连续 15 年发布以“三农”为主题的中央 1 号文件，中央 1 号文件已成为中共中央重视农村问题的代名词。历年为解决农村问题，提出政策包括加大统筹城乡发展力度，进一步夯实农业农村发展基础；加快水利改革发展；加快推进农业科技创新，持续增强农产品供给保障能力；加快发展现代农业，进一步增强农村发展活力；全面深化农村改革，加快推进农业现代化；加大改革创新力度，加快农业现代化建设；落实发展新理念，加快农业现代化，实现全面小康目标；深入推进农业供给侧结构性改革，加快培育农业农村发展新动能；全面实施乡村振兴战略。纵观近年来我国农村政策，突出了四个方面的方向性变化：

1）乡村环境生态宜居的需求提高。2005 年，时任浙江省委书记的习近平同志提出了“绿水青山就是金山银山”的科学论断。2007 年党的十七大报告提出建设生态文明。2015 年 9 月中共中央国务院印发《生态文明体制改革总体方案》，阐述了生态文明下对城乡关系新的理解认识,“树立山水林田湖是一个生命共同体的理念”,“坚持城乡环境治理体系统一”。理念更新在村庄建设层面的表现，是乡村地区与城市一样强调生态宜居，甚至标准要求比城市更高。2018 年《农村人居环境整治三年行动方案》提出“以建设美丽宜居村庄为导向，以农村垃圾、污水治理和村容村貌提升为主攻方向”。河长制、农村“厕所革命”和绿色村庄等一系列政策也对村庄规划建设标准提出了更高要求。

2）村庄土地利用方式更为多元化。农村土地制度改革不断深化，2015 年试点推行农村土地征收、集体经营性建设用地入市、宅基地制度，2016 年提出“将棚改政策支持范围扩大到全国重点镇”，2017 年开始利用集体建设用地建设租赁住房试点。在上述政策驱动下，城乡用地市场逐渐互通，村庄土地利用更为灵活，相应的规划管理方式也应更为多样化。

3）乡村产业趋于融合发展。《国务院办公厅关于推进农村一二三产业融合发展的指导意见》（国办发〔2015〕93 号）提出“着力构建农业与二三产业交叉融合的现代产业体系”“将农村产业融合发展与新型城镇化建设有机结合”。村庄不再局限于为农业生产服务，传统产业融合形成的新型业态要求村庄提供更为丰富多样的创新空间载体。

4）乡村建设吸引多方主体参与。近年来村庄发展吸引了越来越多的关注。《国务院办公厅关于推进农村一二三产业融合发展的指导意见》（国办发〔2015〕93 号）“对社会资本投资建设连片面积达到一定规模的高标准农田、生态公益林等，允许在符合土地管理法律法规和土地利用总体规划、依法办理建设用地审批手续、坚持节约集约用地的前提下，利用一定比例的土地开展观光和休闲度假旅游、加工流通等经营活动”。2017 年 5 月中共中央办公厅、国务院办公厅印发《关于加快构建政策体系培育新型农业经营主体的意见》“支持新型农业经营主体发展”。社会资本的介入让村庄规划管理对象和范围大大增加。

（二）建设管理要求贴近实际

整体而言，我国村庄建设的相关政策正在由早期的“眉毛胡子一把抓”向分地区、分类别的精细化指导演变，然而，其中仍存在很多问题。《国务院关于深入推进新型城镇化建设的若干意见》（国发〔2016〕8 号）第五部分“辐射带动新农村建设”强调了农村一、二、三产业融合和农村电子商务的发展，为村庄的发展建设提供了新机遇、新渠道。政策的倾斜使村庄发展突破了区域整体属性和发展情况对村庄的限制，资源禀赋强、特产多的村庄得以发挥优势，形成更加丰富的村庄发展类型。以区域发展情况作为村庄的代表无法体现村庄广泛存在的异质性，在此基础上制定的政策无法真正做到因地制宜、对症下药。我国村庄的实际发展情况要求对其建设发展特征进行准确的识别，分类指导、简化编制、技术理念先进，实施中权责清晰。

1）分类指导。《国务院办公厅关于改善农村人居环境的指导意见》（国办发〔2014〕25号）提出“规划先行，分类指导农村人居环境治理”。以住房和城乡建设部发布的指导性政策为例，已将村庄分为特色景观旅游村、历史文化名村、美丽宜居村庄、绿色村庄和传统村落等，各有侧重，指导地方组织展开具有针对性的规划与建设指导。

2）简化编制。村庄建设总量小、问题集中，不适用城镇规划框架。对此，《住房城乡建设部关于改革创新、全面有效推进乡村规划工作的指导意见》（建村〔2015〕187号）要求“本着实用的原则简化规划内容”，“树立建设决策先行的乡村规划理念”，是对村庄规划内容的重大调整和创新。

3）新技术新理念。在规划和建设领域，近几年不断涌现新的技术和理念，在村庄规划中也应有所体现，如绿色农房（2013年）、海绵城市（2015年）、绿色村庄（2016年）、加强空间开发管制（2016年）和提高城市设计水平（2016年）等。

4）权责清晰。现实中村庄内供水、道路、能源和垃圾收集转运处理等建设项目的决策权并不在村里，而在县（市）一级，村庄规划依据的乡镇总规由于编制时间等原因往往不能及时将最新的县市建设决策传递给村庄，造成村庄规划脱离实际难以实施。《住房城乡建设部关于改革创新、全面有效推进乡村规划工作的指导意见》（建村〔2015〕187号）提出先编制县（市）域乡村建设规划，“县（市）域乡村建设规划应明确目标、统筹全域、落实重要基础设施和公共服务设施项目、分区分类提出村庄整治指引”。通过县（市）域乡村建设规划，村庄与县市规划建设管理权责得到有效衔接，村庄规划的上位依据也得以完善。

第二节　现行村庄分类办法

一、村庄类型划分研究

大部分城镇化发展到一定程度的国家，乡村经济分化带来的村庄类型复杂多样成为乡村政策制定必须面对的问题。由于数据资料获取困难等原因，从村庄变化趋势方面进行乡村区域类型划分的研究十分有限，更多研究集中于典型地区的村庄个案分析，如城郊村（快速城镇化地区的村）、旅游历史文化名村（自然资源和文化资源优良的村）、商贸村（特色产业集中村，电子商务发达）和空心村（人口流失严重的村）等类型。

（一）基于人口流动特征的发展速度分类

在城镇化率超过80%的英格兰地区，乡村空间形态正经历着剧烈变化。在一些村庄农业仍占据主导地位，但在另外一些村庄，农业衰退留下了经济真空，人口和服务业持续流失；与此同时，乡村田园生活又吸引了越来越多的外来游客和城镇移民前来定居，这些新“村民”不一定参与原有村庄决策，逐渐发展出更为多样的乡村社区。而随着乡村社区和经济体的改变，乡村用地管理和规划也产生了新的利益，乡村空间模式也不同于以往的“中心-外围”分类法，变得更为复杂。Lowe 和 Ward（2007）根据人口统计结构、居民机动性、居民收入水平，选取15个反映十年间乡村变化的地方行政区域人口统计指标，将英格兰地区划分出7种乡村区域类型，构建消费型乡村前景。

①动态通勤乡村地区。经济富余，社会充满活力，人口密度相对较高。以中青年高收入专业阶层为主导，与周边城市地区通勤频繁，被视为居住远郊的富裕阶层。②定居通勤乡村地区。通常位于地方大都市的边缘地带，同样有较高的通勤率，但乡村经济活力较小。③动态乡村地区。人口密度相对略低，但经济发展和人口增长速度都很快，多有大学或研究机构落户。大量具有专业知识的工人聚集在这类地区，与动态通勤和定居通勤地区相比，居民外出通勤水平较低，与大都市经济联系较弱。④偏远乡村地区。经济主要来源为农业，特别是畜牧业和旅游业，是最能够反映传统乡村观念的地区。人口和收入水平低于乡村平均水平，经济变化和人口迁移趋于平稳，通勤交通非常有限，对年轻人口和企业的吸引力也很有限。⑤退休休养地区。主要分布在滨海，受到退休人口的偏爱，与退休相关的服务业如休闲、社会健康保障等成为主要就业来源，虽然收入水平低于乡村平均水平，但较高的人口密度意味着公共服务供给具有经济上的可行性。随着老龄人口需求增加，这些地区的经济也相对活跃。⑥服务设施匮乏地区。经济结构受农业、旅游业和退休相关服务业支配，然而由于位置偏远、环境质量较差、曾经是工业区或矿区等种种原因，只是旅游和休闲的次要选择地区，本地人口和被低廉住房价格吸引而来的外来人口收入水平均远低于国家平均水平。这类地区可能在现阶段乡村经济社会中面临挑战最为严峻，新经济活动只能依靠公共干预实

现。⑦即将消失的乡村地区。距离城市地区相对较近，由于本地就业资源不充足，乡村人口大量外流，虽然大部分人口的经济活动很活跃，但平均收入水平远低于动态通勤和定居通勤两类地区，难以吸引企业进入。

（二）基于省际统计指标的发展速度分类

杨忍等（2011）以省级行政区为基本评价单元开展研究，选取2000年、2004年和2008年三个时间断面的农村发展社会经济数据，从省域尺度上揭示农村发展的总体态势。所采用数据来源于《中国农村统计年鉴》、《中国统计年鉴》和《中国乡镇企业年鉴》，部分数据参阅各地区统计年鉴资料。综合数据的可获得性，评价中暂未包括台湾省、香港特别行政区和澳门特别行政区。研究将农村发展动态度计算结果分为4类。

①Ⅰ类农村衰退发展区。在青海、宁夏、贵州、云南的低山丘陵区，交通不便，信息不畅，农村地域人口增长过快，人地矛盾尤为突出；而农村剩余劳动力未得到有效的非农化转移，农民增收难度过大，局部农村地区呈现出严峻贫困化。②Ⅱ类农村缓慢发展区。2000～2004年中西部大部分省份处于缓慢发展阶段。西部地区的经济发展基础弱，乡镇企业带动农村工业化与城镇化的效应甚微，以种植业为主的农业产业结构尚未得到有效改观，农民的增收与创收难度大；大量的农村剩余劳动力主要靠外出打工，实现间隙性的非农化转移，农村的经济创收主要靠“外源性打工收入汇集模式”为增长点，以四川、重庆尤具代表性。③Ⅲ类农村稳定发展区。2000～2004年中西部少数省份处于稳定发展阶段。④Ⅳ类农村快速发展区。2000～2004年东部地区农村处于快速发展阶段，环渤海地区、江浙沪地区农村发展尤为快速。环渤海地区农村在都市经济和沿海经济的双重带动下，产业转换升级加速，农民收入获得实质性提高，为农村社会经济的振兴与繁荣注入了极大活力，农村地域的交通和科教文卫等基础服务设施得以加强。江浙沪地区以上海作为辐射基点，通过兴建、完善开发区带动了乡镇企业的发展；随着乡镇企业的改制和规范、市场体系的完善，开发区带动下的卫星城镇的发展得到强化，城镇聚集能力加强，大量的农村实现了人力资源的非农化、劳动生产率的提高和居住生活质量的提升。2004～2008年，在新农村建设战略的指引下，区域农村发展速度明显快于前期，呈现出中西部地区农村发展快于东部地区的趋势，但考虑到农村发展的基础与现实的综合质量，中西部地区与东部地区的农村发展仍存在巨大差距。东部地区农村工业逐渐实现升级改造，农村工业产值稳步提高，农村工资性收入成为农民收入的主体，农民生活普遍步入小康社会水平；农业生产技术、管理水平日益提高，农业规模化、高效化生产成为新导向（图1-4）。

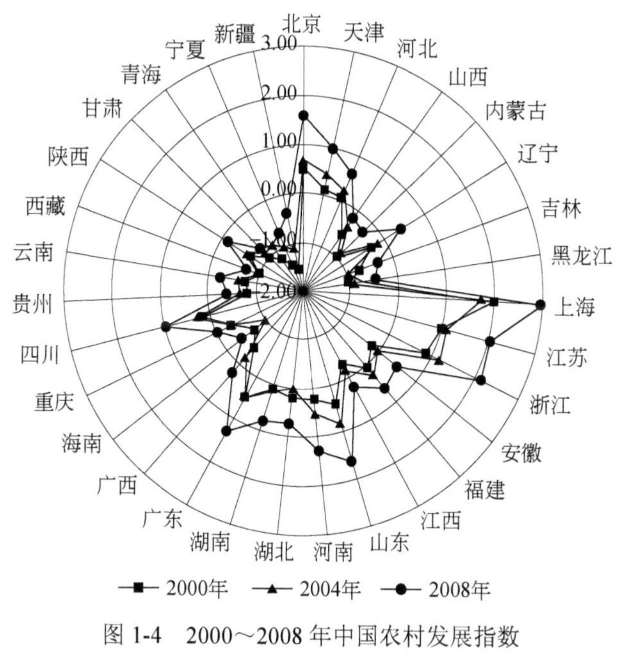

图 1-4　2000～2008 年中国农村发展指数

资料来源：杨忍等，2011

二、村庄分类管理政策

参考国内各地村庄规划和建设等地方文件，各省市或基于村庄现状发展特征，或基于规划发展引导方向，依据村庄规模、所处区域地形地势、主导产业类型、未来与城镇的发展关系及改造建设方式等，将村庄进行分类。

（一）基于村庄自然社会属性分类

村庄发展现状主要以村庄的人口规模、村庄所处的地形地貌特征、村庄职能或产业特色为主要参考，很多省份发布了相应的规范文件（表 1-5）。

表 1-5　基于现状发展特征的村庄类型列表

分类划分	省份	规范文件	类型
人口规模	山西	《山西省村庄建设规划编制导则》	特大型村、大型村、中型村和小型村
	重庆	《重庆市村规划技术导则》（2009 年试行）	特大型集中居民点、大型集中居民点、中型集中居民点、小型集中居民点

续表

分类划分	省份	规范文件	类型
地形地貌特征	河南	《河南省新型农村社区规划建设导则》	平原、丘陵、山区
	陕西	《陕西省新型农村社区建设规划编制技术导则》	平原区新型农村社区、山地、台塬区新型农村社区
村庄职能或产业特色	北京	《北京市村庄规划编制工作方法和成果要求（暂行）》	城镇职能型、都市工业型、现代农业型、特色种植型、绿色养殖型、休闲旅游型、商贸运输型、生态保育型
	广东	《广东省名镇名村示范村建设规划编制指引》	人文历史型、自然生态型、民居风貌型、农业渔业型、乡村旅游型、农田水利型、基层建设和社会管理型
	海南	《海南省村庄规划编制技术导则（试行）》	养殖型村庄、种植型村庄、旅游型村庄、渔港型村庄
	陕西	《陕西省新型农村社区建设规划编制技术导则》	文化传统型、产业带动型、城镇依托型、设施良好型、移民搬迁型、旅游开发型和提高完善型
	江苏	《江苏省村庄规划导则》	养殖型村庄、旅游型村庄、工业型村庄、保护型村庄

1. 山西省

《山西省村庄建设规划编制导则》根据国家《村镇规划标准》，按照镇（乡）域村镇体系规划确定的村庄职能，可分为中心村和基层村。中心村，指镇（乡）域村镇体系规划中，设有兼为周围村庄服务的公共设施的行政村。基层村，指镇（乡）域村镇体系规划中，中心村以外的行政村。

根据国家《村镇规划标准》，按照村庄人口规模的不同，可分为特大型村、大型村、中型村和小型村四个等级。其中，特大型村为1000人以上，大型村为600～1000人，中型村为200～600人，小型村为200人以下。

新规划建设的村庄应尽可能超过1000人，对原有200人以下的行政村和自然村要积极引导撤并。

2. 重庆市

《重庆市村规划技术导则》（2009年试行）按照重庆的实际情况，将村域内的集中居民点按人口数量分为特大型、大型、中型、小型四级，其人口数量按照规划期末村域人口总量分配到各集中居民点中的数量进行确定。当涉及周边一定范围内有散居人口时，应一并纳入计算。

集中居民点分级按表1-6中的人口规模确定。

表 1-6　重庆集中居民点人口规模分级　（单位：人）

级别	人口规模	服务的散居人口	备注
特大型	>1000	>2000	包括周边一定范围内居住人口
大型	601～1000	>1500	包括周边一定范围内居住人口
中型	201～600	>1000	包括周边一定范围内居住人口
小型	≤200	≤400	包括周边一定范围内居住人口

资料来源：重庆市规划局，2009

3. 河南省

《河南省新型农村社区规划建设导则》根据地域情况，将村庄分为平原新型农村社区和丘陵、山区新型农村社区。

平原新型农村社区建设宜采取集聚整合、规模发展的模式进行建设，重点推广特大型、大型新型农村社区。

丘陵、山区新型农村社区建设宜采取适度集聚、完善功能、突出特色的模式进行建设，重点推广中型和小型新型农村社区。

根据当地自然地理环境、居民生活习惯、现有建设基础和经济发展水平等多种因素，还可分为就地改建型和异地新建型。

就地改建型新型农村社区。具有较好的或便于形成的对外交通条件，拥有值得保护利用的自然资源和文化资源，具有一定基础设施，并可实施更新改造，村庄周边用地能够满足社区建设需求。

异地新建型新型农村社区，建设时宜选择荒坡地或一般耕地实施。

4. 陕西省

根据《陕西省新型农村社区建设规划编制技术导则》，陕西省新型农村社区可根据社区与城镇规划用地范围的关系分为城镇规划用地范围内的新型农村社区和城镇规划用地范围外的新型农村社区；可根据社区所处区域分为平原区新型农村社区和山地、台塬区新型农村社区；可根据现状建设情况和经济发展水平等分为就地改建型新型农村社区和异地新建型新型农村社区。

根据社区建设的主要影响因素，可将农村社区分为文化传统型、产业带动型、城镇依托型、设施良好型、移民搬迁型、旅游开发型和提高完善型。社区建设应因地制宜，明确产业发展策略和建设重点，突出各类社区特点，避免新型农村社区建设中出现“千村一面”“千篇一律”的现象。

5. 北京市

《北京市村庄规划编制工作方法和成果要求（暂行）》按照分类指导的原则，不同类型的村庄在规划期内应采取不同的发展模式，主要分为两种情况：一是侧重保障和满足村庄基本公共设施，进行村庄整治；二是侧重改善和提高村庄生活和生产条件，进行适度建设和有机更新。

保留发展型的村庄规划编制可侧重适度建设与整治相结合或整治为主，以引导各项规划建设的实施；远期城镇化整理型、逐步迁建型和引导迁建型的村庄规划应侧重整治，在村庄城镇化和迁建前保证村庄交通、市政和公共服务设施等基本的生活条件和服务水平；近期城镇化整理型、近期迁建型的村庄不宜再编制村庄规划，其村庄迁建计划应纳入地方政府险村搬迁计划和城镇近期建设计划。

按主导产业类型划分，将村庄分为城镇职能型、都市工业型、现代农业型、特色种植型、绿色养殖型、休闲旅游型、商贸运输型和生态保育型。

6. 广东省

根据《广东省名镇名村示范村建设规划编制指引》，名村，指达到了示范村建设要求，并具有一种或多种特色优势，农民生活达到较高的小康水平，拥有一定的知名度和美誉度，能够代表社会主义新农村的建设水平和农村改革发展的方向，并能体现农村建设成就和形象的村庄。名村分为人文历史型、自然生态型、民居风貌型、农业渔业型、乡村旅游型、农田水利型、基层建设和社会管理型七种类型。

示范村，指在村庄规划的指导下，经过农村环境综合整治、乡村景观改造和绿化美化建设，能实现村容整洁、环境宜人、设施配套和生活便利等目标，同时在村容村貌、绿化环境、居住条件、污水收集与处理、供水安全、社会保障及管理制度等一个或几个方面具有示范作用的宜居村庄。

7. 海南省

根据《海南省村庄规划编制技术导则（试行)》，除城镇规划建设用地范围内的村庄外，根据所处区位，村庄可分为近郊型村庄和远郊型乡村。

近郊型村庄，因城镇发展需要进行规划控制的非城镇建设用地范围内的村庄。这类村庄应考虑城乡一体化的影响，合理控制村庄规模，发展村庄产业，注重与城市基础设施、公共服务设施的有机衔接，改善村庄居住环境品质。根据乡村不同的资源和产业特点，合理规划安排第一、第二、第三产业用地及服务设施，重点规划发展特色餐饮、特色住宿、特色观光、特色休闲和特色娱乐等乡村旅游产品，打造差异化的特色乡村旅游。

远郊型村庄，因城镇发展需要进行规划控制的非城镇建设用地范围外的村庄。远郊型村庄应根据当地现有建设基础、建房需求和产业特点，充分考虑丘陵、平原、林地和水网等不同自然地理条件的要求，注重与自然环境相协调，保护和延续当地原有的社会网络和空间格局，避免空间布局的过度分散，合理安排基础设施和公共服务设施建设，营造清新、优美的环境和浓郁的乡土风情。根据主导产业及现状资源条件，可分为种植型、养殖型、旅游型、渔港型村庄。

1）种植型村庄。明确村域耕地、林地及设施农业用地的面积、范围。按照方便使用、环保卫生和安全生产的要求，配置晒场、打谷场和堆场等作业场地。

2）养殖型村庄。具有一定规模的村庄养殖产业应相对集中布置，并设置安全防护设施，满足卫生防疫要求；注重治理污染，严格保护村庄环境。

3）旅游型村庄。特别是位于城郊结合部、旅游景区周边、公路两侧和旅游资源丰富地区的村庄，要强化旅游规划，根据当地旅游资源特点和发展前景，科学规划旅游项目与线路，合理确定建设规模和开发强度，统筹安排基础设施配套建设，结合村庄公共服务设施、村民住宅的开发利用，合理安排旅游服务功能，注重旅游资源和村庄生态环境的保护，避免旅游对村民生活的不合理干扰。

4）渔港型村庄。主要是依托渔港而发展起来的村庄。规划应注重对渔港文化的保护，村庄应集中布置，沿海岸线设置一定的安全防护设施，注重环境保护工作，满足卫生防疫要求。

8. 江苏省

根据《江苏省村庄规划导则》，除城镇规划建设用地范围内的村庄外，根据所处区位，可将村庄划分为城郊型和乡村型。

城郊型村庄：因城镇发展需要进行规划控制的非城镇建设用地范围内的村庄。这类村庄应综合考虑城市化推进和村庄产业发展的影响，合理控制村庄规模，注重与城市基础设施、公共服务设施的有机衔接，改善村庄居住环境品质。

乡村型村庄：因城镇发展需要进行规划控制的非城镇建设用地范围外的村庄，主要是基本农田保护区域范围内的村庄。乡村型村庄应根据当地现有建设基础、建房需求和产业特点，充分考虑丘陵、平原和水网等不同自然地理条件的要求，注重与自然环境相协调，保护和延续当地原有的社会网络和空间格局，避免空间布局的过度分散，合理安排基础设施和公共服务设施建设，营造清新优美的环境和浓郁的乡土风情。根据主导产业及现状资源条件，可分为养殖型、旅游型、工业型、保护型村庄。

1）养殖型村庄。具有一定规模的村庄养殖产业应相对集中布置，并设置安全防护设施，满足卫生防疫要求；注重治理污染，严格保护村庄环境。

2）旅游型村庄。强化旅游规划，根据当地旅游资源特点和发展前景，统筹安排基础设施配套建设，结合村庄公共服务设施、村民住宅的开发利用，合理安排旅游服务功能，注重旅游资源和村庄生态环境的保护，避免旅游对村民生活的不合理干扰。

3）工业型村庄。原则上村庄不得新布局有污染的工业，现有有污染的工业应逐步向镇以上工业集中区集中；村庄现有工业已经形成规模且具有较大发展潜力的应结合乡镇工业集中区统一考虑。适宜发展的村庄手工业、加工业应选择基础设施条件较好、交通便利的区域集中布置，并与村庄适当隔离。

4）保护型村庄。对具有重要历史文化保护价值的村庄，应按照有关文物和历史文化保护法律法规的规定，编制专项保护规划。现存比较完好的传统和特色村落，要严格保护，并整治影响和破坏传统特色风貌的建、构筑物，妥善处理好新建住宅与传统村落之间的关系。

（二）基于区域内部城乡关系分类

部分省份在制定村庄分类发展政策时，没有根据村庄自身特征属性，只是以村庄与周边城镇建设的关系作为划分依据。这种划分办法主要考虑村庄在城镇化发展过程中与城镇的区位变化，以及村庄的建设改造形式（表 1-7），将村庄建设作为城镇化的衍生结果。

表 1-7　基于规划发展引导的村庄类型列表

分类划分	省份	规范文件	类型
与城镇发展关系	北京	《北京市村庄规划导则》	城镇化村庄、局部或整体迁建村庄、特色保留村庄、改造提升村庄
	辽宁	《辽宁省村庄宜居乡村建设规划编制导则》	并入城镇、集聚发展、控制发展、撤并
	江苏	《江苏省村庄规划导则》	城郊型和乡村型
	上海	《上海市村庄规划编制导则（试行）》	在城市规划用地内的村庄、邻近城镇集中建设区的村庄、远离城镇集中建设区的村庄
村庄的建改造方式	河南	《河南省新型农村社区规划建设导则》	就地改建、异地新建
	福建	《福建省村庄规划导则（试行）》	改造型、新建型、保护型、城郊型
	湖北	《湖北省新农村建设村庄规划编制技术导则（试行）》	新建村庄、旧村更新整治、撤并扩建、历史文化名村保护
	湖南	《湖南省村庄规划编制导则（试行）》	保护类、改善类、建房需求类、简易类
	江西	《江西省村庄建设规划技术导则》	新建型、改造型和保护型
	内蒙古	《内蒙古自治区新农村新牧区规划编制导则》	改造完善型、城镇化整理型、搬迁归并型
	新疆	《新疆维吾尔自治区村庄规划建设导则》	新建型、改建型和撤并型
	陕西	《陕西省村庄规划编制导则》	撤并（迁移）新建型、控制发展型、集聚发展型
	山东	《山东省村庄建设规划编制技术导则》	改建型、扩建型和新建型
		《山东省农村新型社区和新农村发展规划》	城市聚合型、小城镇聚合型、村企联建型、强村带动型、多村合并型、搬迁安置型和村庄直改型

1. 北京市

根据《北京市村庄规划导则》，北京将全市行政村划分为城镇化、局部或整体迁建、特色保留、提升改造四大类型。针对不同类型的美丽乡村，应因村施策、分类指导。

1）城镇化村庄。纳入城市开发边界内的村庄，具体包括纳入中心城区、新城、镇规划建设区内、有重大项目带动、第一道绿化隔离区范围内（规划实现 100%城镇化）村庄，这部分村庄未来将随城市建设进入城市建设区，实现城镇化。

2）局部或整体迁建村庄。迁建村庄是指受生态保护要素限制以及受安全威胁的村庄，按影响要素不同，分为生态涵养迁建型、安居威胁迁建型和受其他环境影响应实施搬迁的村庄。以上各类型村庄，按受影响程度不同，可以采取局部迁建、整村迁建等多种方式。

3）特色保留村庄。分为全市在录的各类特色保留村庄、生态保育村庄，以及其他经各区各镇梳理、申报的，在村庄产业、文化和风貌等方面具有特色，具有保留价值的村庄。

4）提升改造村庄。除以上三种类型外，在全市广泛分布，需要通过多元方式对村庄进行改造的村庄。分为集体产业整理型、集中上楼型和原地微循环整理型。

2. 辽宁省

根据《辽宁省村庄宜居乡村建设规划编制导则》，辽宁将村庄居民点分为并入城镇、集聚发展、控制发展、撤并四种基本类型。按照宜居乡村建设分类整治的目标，可分为宜居示范村、宜居达标村和宜居整治村。其中，集聚发展型村庄应达到宜居示范村标准；控制发展型村庄可根据实际情况因地制宜地达到宜居示范村、宜居达标村标准；并入城镇型与撤并型村庄可根据实施期限，列入近期实施计划的村庄可按宜居整治村标准规划建设，列入远期实施计划的村庄可按宜居达标村标准规划建设。

3. 上海市

根据《上海市村庄规划编制导则（试行）》，上海依据村庄所处区位和区域总体规划、镇域总体规划及村庄布点规划，将村庄归纳为三种类型，不同类型的村庄其规划内容各有侧重。

1）村庄范围已在城市规划用地内的，以相关城市规划要求加以控制。

2）邻近城镇集中建设区的村庄，规划重点要解决村民居住点建设与城镇建设的衔接及宅基地置换等操作的衔接问题。应综合考虑城市化推进和村庄产业发展的影响，合理控制村庄规模，注重与城镇基础设施、公共服务设施的有机衔接，改善村庄居住环境品质。

3）远离城镇集中建设区的村庄，是城镇发展需要进行规划控制范围以外的地区，应根据其现状资源条件及发展特点，逐步归并居住点、缩减现有工业用地，鼓励发展农业，注重与自然环境相协调。

4. 福建省

参照《福建省村庄规划导则（试行）》，福建根据规划建设方式，将村庄分为改造型村庄、新建型村庄、保护型村庄三大类型，按照区位和建设特点增加一类——城郊型村庄，分别采取相应的规划对策。

1）改造型村庄。指现有一定的建设规模，便于组织现代农业生产，具有较好的或可能形成较好的对外交通条件，具有一定的基础设施并可实施更新改造，同时村庄周边用地能够满足扩建需求。

2）新建型村庄。指根据经济和社会发展需要，确需规划建设的村庄，如移民建村、灾后安置点、迁村并点及其他有利于村民生产、生活和经济发展而新建的村庄。

3）保护型村庄。针对各级历史文化名村，以及其他拥有值得保护利用的自然或文化资源的村落，如有优秀历史文化遗存、独特形态格局或浓郁地域民俗风情的少数民族聚居村庄，加以保护性修缮和开发利用。

4）城郊型村庄。特指位于城市、开发区、县城、镇规划区内、规划建设用地范围外的村庄。

5. 湖北省

按照《湖北省新农村建设村庄规划编制技术导则（试行）》规定，村庄规划应对规划范围内用地建设和适宜性做出评价，并结合实际情况和规划目标要求，因地制宜地采取规划对策。

新建村庄，可按规划选定评价因子进行用地建设适宜性评价，注重村庄安全建设与资源配置，加强生态保护，防止填湖、毁林，合理利用地形地貌、树木植被、河湖塘堰，节约建设用地，创建符合现代化文明生活需要的和谐发展的社会主义新农村。

旧村整治包括旧村更新整治、撤并扩建、历史文化名村保护类型，要因地制宜、因势利导、区别对待。旧村整治首先应对现状地物、建筑、树木及基础设施等进行实地调查，结合整治需要，有针对性地绘制现状图。旧村整治要以完善基础设施，发展公共事业，清理违章搭盖、收回多占或闲置宅基、制止无序建房为重点，改善卫生环境，提高生活质量。

6. 湖南省

参照《湖南省村庄规划编制导则（试行）》，湖南根据村庄对规划的需求，将村庄分为保护类村庄、改善类村庄、简易类村庄、建房需求类村庄。

1）保护类村庄。主要指中国和省级历史文化名村、传统村落。根据国家和省相关规范要求，编制历史文化名村保护规划和传统村落保护发展规划。

2）改善类村庄。主要指中心村和国家、省相关试点示范村。规划包括村庄产业发展、综合整治、建设用地布局、公共服务设施和基础设施安排、村民建房等内容。其中，特色景观旅游名村、美丽宜居村庄、美丽乡村等对规划有空间要求的试点示范村，还应按要求增加相关规划内容。

3）建房需求类村庄。主要指村庄建设活动量比较少的村，只需编制引导和规范村民建房的简要说明。

4）简易类村庄。主要指上述三种情况以外的村。根据规划需要编制较简单的村庄规划，主要包括建设用地布局、公共服务设施和基础设施安排、村民建房等内容。

7. 江西省

参照《江西省村庄建设规划技术导则》，江西根据当地的自然地理环境、村民的生活习俗、现有建设条件和经济发展水平等多种因素，村庄规划分为新建型村庄、改造型村庄和保护型村庄三大类。

1）新建型村庄。指根据经济和社会发展需要，确需规划建设的新村庄，如移民建村、迁村并点及其他有利于村民生产、生活和经济发展而新建的村庄。新建型村庄应做到选址科学，用地布局合理．功能分区明确．设施配套完善，环境清新优美．并与自然环境相协调，充分体现乡风民情和时代特征。

2）改造型村庄。指现有一定的建设规模，便于组织现代农业生产，具有较好的或可能形成较好的对外交通条件，具有一定的基础设施并可实施更新改造，同时村庄周边用地能够满足改建扩建需求。改造型村庄的规划，应首先对现状地物、建筑、树木及基础设施等进行实地调查并绘制现状图，注重建设用地的调整，注重道路、给水、排水、电力、电信、绿化和环卫等基础设施的配置，突出村庄建设与“六改四普及”整治应达到的效果。

3）保护型村庄。针对各级历史文化名村，以及拥有值得保护利用的自然或文化资源的村落，如有优秀历史文化遗存、独特村庄布局或浓郁地域民俗风情的村庄，加以保护性修缮和开发利用。对格局完整、建筑风格统一的古村，划定保护范围，维修破损严重的古建筑，在不影响古村格局和建筑风格的前提下完善村庄；对布局分散、建筑风格杂乱的古村，规划中应注重保留村庄文脉，并对具有传统建筑风格和历史文化价值的古民居、古祠堂和纪念性建筑等文化遗产进行重点保护和修缮。其他新建、改建建筑物应统一规划建设，注重传承古村建筑文化。

8. 内蒙古自治区

参照《内蒙古自治区新农村新牧区规划编制导则》，内蒙古根据区位条件、经济水平、资源条件和现状基础等因素，将村庄分为改造完善型村庄、城镇化整理型村庄、搬迁归并型村庄三大类。

1）改造完善型村庄。一般具有以下特征：现状具有较好或便于形成的对外交通条件；高程适宜、地质稳定、用地条件较好；拥有值得保护利用的自然资源或文化资源；社会经济、村庄建设水平较周边村庄具有较强辐射能力。

2）城镇化整理型村庄。一般包括以下类型村庄：城市及建制镇现状建成区范围内的村庄；城市及建制镇总体规划确立的规划建成区内的村庄；位于城市及建制镇发展备用地、远景规划控制范围内的村庄。

3）搬迁归并型村庄。一般包括以下类型村庄：受发展条件或特殊条件制约需要整体或分批搬迁至周边其他居住点或集中安置点的村庄；相关政策或上位规划中需要分期、分批整合归并的村庄。

9. 新疆维吾尔自治区

参照《新疆维吾尔自治区村庄规划建设导则》，新疆根据自然环境、历史发展过程、现状建设条件基础和社会经济发展水平等多种因素，结合地区发展需求，将村庄分为新建型村庄、改建型村庄和撤并型村庄三种规划类型。

1）新建型村庄。指依据县（市）域村镇体系规划或村庄布点规划，确需规划建设的新村庄，如移民建村、迁村并点建村、定居建村及其他有利于村民生产生活和经济发展而新建的村庄。

2）改建型村庄。指已有一定的聚集建设规模，具有较好的对外交通条件，便于组织现代农业生产，基础设施可以实施更新改造，周边用地能满足改建需求的村庄。

3）撤并型村庄。指区位条件不好、生存环境质量差、规模小，公共设施难以配套的村庄或因重要建设等而搬迁的村庄。

村庄按其在村镇体系中的地位和职能分为中心村、行政村、自然村三种形式。

1）中心村。由若干行政村组成，具有一定人口规模和公共设施较为齐全的农村社区，是最基层的城镇居民点，在规划建设空间布局时，能达到支撑最基本的生活服务设施要求的完整规划单元。

2）行政村。是行政区划体系中最基层的一级，设有村民委员会或村公所等权力机构，由一套领导班子（支部、村委会）管理；是政府为了便于管理，而确定的乡下一级的管理机构所管辖的区域。

3）自然村。是由村民在长期生活劳动聚居中自然发展起来的村落。通常是一个或多个家族聚居的居民点。自然村是农民日常生活和交往的单位，但不是一个社会管理单位。

10. 陕西省

参照《陕西省村庄规划编制导则》，陕西依据村庄的现状条件和发展潜力，对村庄发展方向划分不同类型。一般情况，现有村庄可划分为撤并（迁建）新建型村庄、控制发展型村庄、集聚发展型村庄三种类型。

1）撤并（迁建）新建型村庄。指人口规模偏少、村庄现状条件不利于建设发展，需要撤并或择址新建的村庄。

2）控制发展型村庄。指现状有一定规模，但发展潜力不大，短期内难以迁并的村庄。该类型村庄应控制建设用地的扩大，允许村民住宅在不扩大村庄建设用地外延的前提下进行翻建、改建。

3）集聚发展型村庄。此类村庄现状有一定规模，具有一定的发展潜力，对周边村庄人口有较强集聚作用，是重点发展村庄。

11. 山东省

参照《山东省村庄建设规划编制技术导则》指出，①根据自然环境、历史发展过程、现状建设基础和社会经济发展水平等多种因素，结合地区发展需求，将村庄建设规划分为改、扩建型和新建型两种类型。②按照村庄规划期末常住人口规模，将村庄划分为小于500人、500～1000人、大于1000人三种规模。③村庄按其在村镇体系中的地位和职能划分为基层村、中心村。

参照《山东省农村新型社区和新农村发展规划》指出，综合考虑地形地貌、区位特点、建设模式、空间布局和生产方式等，将农村新型社区划分为城镇聚合型、村庄聚集型两类。

1）城镇聚合型社区。指由若干村庄合并集中建设，在规划城镇建设用地范围内选址，并逐步纳入城镇管理的农村新型社区。按照所处位置不同，分为城市聚合型和小城镇聚合型两种类型。

2）村庄聚集型社区。指由多个村庄合并新建，或单个较大村庄通过改造，形成具有一定规模、集中居住、设施完善的农村新型社区。按照改造动力和空间组织的不同，分为村企联建型、强村带动型、多村合并型、搬迁安置型和村庄直改型五种类型。

三、速度分类的意义价值

我国村庄建设发展广泛存在异质性和多样性，为规划建设引导带来困难，分类管理的思路成为必然。然而，《村镇规划标准》（GB 50188—93）和《镇规划标准》（GB 50188—2007）主要是从人口数量角度对村庄进行规模方面的分类，分类标准比较单一，缺乏符合村庄功能和特征方面的表述，也缺乏具体的村庄规划发展指引。村庄建设领域的技术导则多为“十一五”期间编制，随着农村社会的快速发展，已不能很好地反映现阶段村庄产业和社会等方面的发展诉求。从国家层面引导全国村庄建设发展的规范标准、各省市的村庄建设规划技术导则，到村庄建设领域的学术研究，分类依据涵盖村庄规模、地形、产业类型、与城镇发展关系和改造建设方式等，类型划分庞杂多样，在全国范围内缺乏统一的指标对村庄的建设发展进行测评。而且城乡发展实际工作中，并不是所有村庄都需要编制涉及所有内容的规划成果，对建设发展缓慢甚至停滞的村庄而言，村庄整治规划、农房建设规划已经能够满足其建设指导需求，“一刀切”的规划编制要求往往导致这些村庄规划出现发展目标设置过高、产业规划内容空洞和近期建设规划可实施性差等问题。

村庄分类标准直接影响政策制定的精准性，精准性不足会影响实施效果，造成资源浪费或重复建设，村庄存在的实际问题得不到有效解决。在现行的分类标准中，村庄人口规模无法形成城市经济的集聚效应，人口规模等级难以有效区分乡村发展水平；村庄建设资金投入对上级财政依赖较大，人均纯收入等传统的农村经济统计指标难以真实反映出村庄建设能力；村庄在城乡体系中的职能，逐渐回归居住与生活服务，产业职能导向的城市规划思路与其不相适合；村庄发展主要依靠外力驱动，产业选择相对被动，依据主导产业类型分类指导规划存在一定的不确定性。速度是村庄建设行为和规划需求强弱的直观反映，以发展速度作为村庄建设需求和规划引导的分类标准，不仅能够在规划对象和技术方法上有所侧重，而且更便于国家和地方政策衔接，简化管理。

本书提出重点关注快速发展村庄的规划编制，通过对快速发展村庄的形成动因机制和建设特征问题等方面进行细分，有针对性地提出规划编制内容组织、管理深度、技术要点，为快速发展村庄规划编制提供参考与指引。

第三节　研究技术框架

本书在新时期村庄价值导向基础上，针对全国村庄建设现状和分类管理存在的问题，提出以建设发展速度为标准对村庄进行分类，结合定量和定性分析对全国快速发展村庄初步识别。选取典型村镇案例分析归纳规划需求，收集整理相关学术文献、新闻报道和规划文本等，分析总结不同类型快速发展村庄的形成动因与发展机制，归纳快速发展村庄的一般性建设特征和问题。选取工业企业带动、城镇建设带动、创意产业带动、电商发展带动、生态旅游带动、现代农业带动六类典型村庄，开展发展特征与需求案例研究。通过乡村规划理论研究、地方实践经验总结提炼、全国优秀规划案例比较分析研究，提出快速发展村庄规划编制体系，将规划编制与实施重点技术组织形成“技术集成包”，提出规划编制技术措施（图 1-5）。

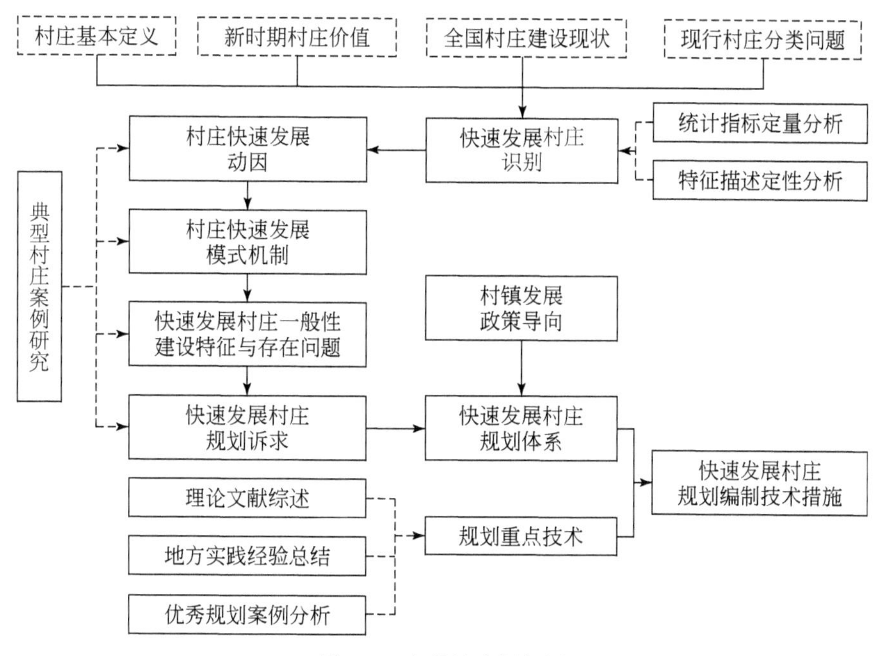

图 1-5　本书技术框架图

第二章　快速发展村庄识别

本章基于对全国各地区统计数据的研究与资料收集，从村庄发展水平角度出发，对村庄社会经济、规划建设和基础设施建设水平等方面进行综合考量，采用科学的评判计算方法，对全国各省村庄综合发展阶段进行划分。在将全国村庄以省为单元划分发展阶段的基础上，参考动态发展数据，制定综合指标体系与计算方法，对各发展阶段的村庄进一步进行发展速度类型划分，最终完成对村庄发展速度类型的整体划定工作，进而识别出各省份处于快速发展时期的村庄，有针对性地制定相应规划建设导则，切实指导快速发展村庄开展规划建设工作。

第一节　村庄分类评价指标

一、我国村庄发展数据现状情况

目前全国村庄数据来源分散，数据颗粒度和数据质量有限。统计口径为全国及省级的现状数据主要收录在国家统计年鉴中，市县级层面的现状数据收录在各省的统计年鉴中，镇级层面的现状数据收录在市县级的统计年鉴中，村级层面的现状数据需要通过田野调查获取（表 2-1）。

表 2-1　村庄发展数据来源一览表

年鉴资料名称	出版年份	收录的村庄数据
《中国统计年鉴》	每年出版，收录上一年数据	农村居民家庭基本情况、农村居民人均纯收入、乡镇卫生院医疗服务情况
《中国社会统计年鉴》		乡镇卫生院数、乡村医生和卫生员数、村卫生室情况、每千农业人口卫生院床位数、新型农村合作医疗情况、农村养老服务机构和乡镇文化站数
《中国劳动统计年鉴》		乡镇企业单位数、就业人数
《中国农村统计年鉴》		农村经济主要指标、农村居民人均纯收入、全国/各地区乡村人口及就业人员情况、农村环境情况、农村公共服务（文化、教育、卫生及社会服务）情况

续表

<table>
<tr><th>年鉴资料名称</th><th>出版年份</th><th>收录的村庄数据</th></tr>
<tr><td>《中国城乡建设统计年鉴》</td><td>每年出版，收录当年数据</td><td>全国历年建制镇及住宅基本情况、市政公用设施情况，全国村庄基本情况（公共设施和房屋等）</td></tr>
<tr><td>《中国县域统计年鉴》</td><td rowspan="2">2013 年起更名为《中国县域统计年鉴》，收录上一年数据</td><td rowspan="2">按主要经济指标分组的县（市）汇总资料、镇的综合情况（人口、就业、企业和公共服务等）</td></tr>
<tr><td>《中国县（市）社会经济统计年鉴》</td></tr>
<tr><td>《中国分县农村经济统计概要》</td><td>1980 ～ 1989 年、1991 年，收录当年数据</td><td>全国各县（市）的基本情况、生产条件、主要农副产品产量和生产规模等，按主要指标排序的前 100 名县（市）名单，按主要指标分组的农村经济情况、按各类型区分组的农村经济情况</td></tr>
<tr><td>《中国农村乡镇统计概要》</td><td>2000 年</td><td>各省市主要指标排列的乡镇前 10 名、按主要指标分组的建制镇情况、各省市建制镇区主要指标</td></tr>
<tr><td>《新中国农村统计调查》</td><td>2005 年</td><td>—</td></tr>
<tr><td>《中国农村住户调查年鉴》</td><td>1992 年，自 2000 年起每年出版，收录上一年数据</td><td>农民收入、农民生活消费、农民工与农村住户主要情况（劳动力文化、住房和收入构成等）</td></tr>
<tr><td>《中国农村全面建设小康监测报告》</td><td>2004～2010 年</td><td>各省市农村全面建设小康社会进程、专题报告（居民收入和生活等）、公共服务（教育、卫生和文化等）</td></tr>
<tr><td>《中国农村贫困监测报告》</td><td>2000～2011 年</td><td>全国农村贫困状况（分布、规模）、村级基础设施及基本社会服务情况、特殊类型地区贫困监测结果</td></tr>
<tr><td>各省统计年鉴</td><td>每年出版，收录上一年数据</td><td>农村（各市）居民人均纯收入及消费支出、公共服务情况</td></tr>
<tr><td>各省份农村统计年鉴</td><td>广东：1993～2014 年
河北：1995～2014 年
……</td><td>主要年份各市及各区县农村基本情况、各市及各区县乡镇企业基本情况、各区县农村居民人均纯收入</td></tr>
<tr><td colspan="3">专项统计年鉴资料：《中国农村经济调研报告》《农村绿皮书：中国农村经济形势分析与预测》《中国农村能源年鉴》《中国农村科技发展报告》《中国农村市场调研报告》《中国农村金融服务报告》《中国农村劳动力调研报告》，各省新农村建设监测报告</td></tr>
</table>

表 2-1 对涉及村庄建设方面统计数据的年鉴、报告进行了大致汇总，村庄发展与建设的数据主要收录在《中国统计年鉴》《中国社会统计年鉴》《中国农村统计年鉴》《中国县域统计年鉴》《中国农村住户调查年鉴》《中国农村全面建设小康监测报告》《中国农村贫困监测报告》。

二、现行村庄发展评价指标综述

目前在全国范围内针对村庄的评价包括国家层面的评价指标体系和地方自定的评价指标体系，旨在通过客观描述和科学评选反映出村庄经济社会的发展状况。以下重点选取国家层面及各省市针对村庄的评价指标体系进行分析与对比，明确村庄指标评价的采集重点。

（一）村庄发展评价的综合性指标

1. 中国美丽村庄评鉴指标

2012 年初由中国村社发展促进会特色村工作委员会联合亚太环境保护协会组成“中国美丽村庄研究课题组”，并于 2012 年 10 月发布《中国美丽村庄评鉴指标体系（试行）》。该指标体系将作为未来推广应用中国美丽村庄的评价指标体系。指标构成以村作为主要评鉴对象，其中包括 7 项一级评价指标，即美丽环境生态体系、美丽村庄规划体系、村民居住健康体系、人文内涵体系、公共事业服务体系、经济结构发展体系、品牌形象体系；一级评价指标以下又分为 20 项二级评价指标，即景观资源、特色价值、发展前景、总体规划、体系规划、设施规划、自然环境、感知环境、村民内涵培育、历史文化挖掘、安全与治安、教育体系、村民保障体系、村集体经济、村民收入、吸纳外地劳动力就业、媒体美誉、公众口碑、专家评价、获得荣誉奖项。

2. 农业部“美丽乡村”创建目标体系（试行）

为指导和规范“美丽乡村”创建工作，农业部依据《农业部办公厅关于开展“美丽乡村”创建活动的意见》精神，制定了美丽乡村建设指标体系。指标构成包含 5 类，即产业发展、生活舒适、民生和谐、文化传承、支撑保障，其中包括 20 项细分评价指标，即产业形态、生产方式、资源利用、经营服务、经济宽裕、生活环境、居住条件、综合服务、权益维护、安全保障、基础教育、医疗养老、乡风民俗、农耕文化、文体活动、乡村休闲、规划编制、组织建设、科技支撑、职业培训。

3. 美丽乡村评价指标体系

根据美丽乡村的内涵与本质，充分考虑生态文明的特征及国家和地方农村建设指标体系的构建思路，结合乡村的地方实际和发展潜力，有些学者尝试构建美丽乡村评价指标体系（黄磊等，2014）（表 2-2）。

表 2-2 美丽乡村评价指标体系构建

指标	指标解释	计算方法
生态环保投资占财政收入比例	指用于环境污染防治、生态环境保护和建设的投资占当年财政收入的比例	生态环保投资（万元）/财政收入（万元）×100%
农业灌溉水有效利用系数	指田间实际净灌溉用水总量与毛灌溉用水总量的比值	净灌溉用水总量（立方米）/毛灌溉用水总量（立方米）
村庄绿化覆盖率	指辖区内林地、草地面积之和与总土地面积的百分比	林草地面积之和（公顷）/土地总面积（公顷）×100%
生态恢复治理率	指辖区通过人为和自然等修复手段得到恢复治理的生态系统面积，占在经济建设过程中受到破坏的生态系统面积的比例	恢复治理的生态系统面积（平方公里）/受到破坏的生态系统总面积（平方公里）×100%
农业面源污染防治率	指辖区对农业面源污染进行减量化、资源化、无害化处理与防治的程度	（畜禽粪便综合利用率（%）+测土配方施肥率（%）+农膜处理率（%）+病虫害生态防治率（%））/4
特色指标	包括特色产业发展状况、特色风貌和地方特色文化等	

资料来源：黄磊等，2014

（二）村庄发展评价的经济发展类指标

1. 海口市“旅游名村”评选（2011～2014 年）

海口市旅游名村的评选指标构成包括 5 类，即环境优美，各种配套设施完善（旅游资源、餐饮消费和休闲娱乐等）；当地资源保护良好，民风朴实；村民热情好客；所在乡村环境良好，无不良记录；四季瓜果飘香，农产品特色鲜明。细分评选指标分为 9 个方面，即乡村旅游区（点）硬件设施、乡村旅游区（点）布局、乡村旅游区（点）安全、乡村旅游区（点）卫生、乡村旅游区（点）通信服务、乡村旅游区（点）旅游购物、乡村旅游区（点）经营管理、乡村旅游区（点）资源和环境保护及乡村旅游区（点）文化建设。

2. 淘宝村的认定标准指标

淘宝村的认定标准指标包括交易场所、网商规模、交易额。淘宝村认定标准指标包括三方面：一是经营场所在农村地区，以行政村为单元；二是全村电子商务年交易额达到 1000 万元以上；三是本村活跃网店数量达到 100 家以上，或活跃网店数量达到当地家庭户数的 10%以上。细分认定标准指标包括四项，即产品创新、网商企业化、电商服务体系化、发展模式多元化。

（三）村庄发展评价的环境宜居类指标

1. 中国幸福村庄评价指标

2011 年中国幸福村庄评价指标由中国村社发展促进会特色村工作委员会、亚太农村社区发展促进会中国委员会共同制定，评价指标综合了村庄幸福感经济支撑度、民生满足度、精神文明度、生态文明度、综合荣誉度5个一级评价指标和29个二级评价指标，并根据评价指标体系对全国名村300佳排行榜进行重新综合排名。

2. 山东省美丽宜居村庄评价

指标构成包括田园风光、村庄建设、生活宜居 3 个大类，大类之下又分为 12 个细分指标，依据各细分指标为村庄进行评分。指标内容侧重环境、文化、公共服务，弱化常规采集的人口规模和经济指标，指标类型与评估目的联系紧密（表2-3）。

表 2-3　山东省美丽宜居村庄评价指标

类别	指标	分值标准及释义	分值
田园风光（20分）	自然风光	地形地貌、河湖水系、森林植被、动物栖息地或气候天象等自然景观优美、有特色、保护良好，得10分；1项未保护好扣3分，扣完为止	10
	田园景观	农田、牧场、林场和鱼塘等田园景色优美，农业生产设施有地域、民族、传统或时代特色，得10分；田园景观占5分，农业生产设施特色占5分，根据田园景观和农业生产设施特色情况酌情给分	10
村庄建设（50分）	整体风貌	村庄坐落与自然环境协调，村庄空间尺度体现乡村风貌，得6分；村庄与自然景观的协调情况占3分，村庄空间尺度情况占3分，根据村庄实际整体风貌情况酌情打分	6
	农房院落	农房风格、色彩、体量体现乡村风貌，结构安全、功能健全，庭院内外整洁，无违规建房及私搭乱建现象，得5分；1项未做到扣1分，扣完为止	5
	乡村要素	井泉沟渠、壕沟寨墙、堤坝桥涵、石阶铺地、码头驳岸和古树名木等乡村要素自然淳朴、优美实用、保护良好，得5分；破坏1处扣2分，扣完为止	5
	传统文化	历史遗存、地区民族文化及民俗得到良好保护与传承，得5分；破坏1处，不得分	5
	基础设施	基础设施齐全，管理维护良好，村庄道路实现户户通，饮用水水质达标，有污水处理措施，有公共照明，农户卫生厕所覆盖率达90%以上，人畜粪便得到有效处理与利用，电力电信有保障，得14分；1项未达标扣2分	14
	环境卫生	村容整洁卫生，垃圾及时收集清运，有保洁人员和机制，蚊蝇鼠蟑得到有效控制，无乱丢垃圾、乱泼脏水和恶臭等现象，得10分；1项未做到扣2分，扣完为止	10
	安全防灾	防灾、消防设施齐全，管理有效，无地质灾害隐患，得5分；否则不得分	5

续表

类别	指标	分值标准及释义	分值
生活宜居（30分）	居民收入	村民人均纯收入在所属地级市各村中名列前三分之一，得10分；否则不得分	10
	公共服务	入托、上学方便、入学率、巩固率达标；公交通达，村民出行及购物方便；文体场所设施完善，有经常性文体活动；医疗卫生能基本满足需求，医疗养老保险覆盖率在所属地级市各村中名列前三分之一，得10分；1项不合格扣3分，扣完为止	10
	乡风文明	乡风淳朴、文明礼貌、诚实守信、遵纪守法、社会和谐，村领导班子工作好，得10分；乡风淳朴、文明礼貌、诚实守信、遵纪守法、社会和谐，每项2分；村领导班子不和谐，不得分	10
合计	—	—	100

注：村庄内90%以上的农户应完成无害化卫生厕所改造，否则一票否决

3. 广东省宜居村庄评价指标（2010～2012年）

广东省对农村的评价指标包含舒适性、健康性、方便性、安全性4个方面。指标内容侧重村庄环境建设、基础设施与公共服务设施建设、生产生活安全情况的内容（表2-4）。

表 2-4 广东省宜居村庄评价指标体系

评价内容	评价指标	分值	建设目标	权重
舒适性	居住条件	35	• 危房、泥砖房和茅草房改造率达到80%以上 • 生活区与养殖区分离 • 住房建设符合村庄规划的要求	10
	村道建设		• 村道硬化80%以上，主要道路机动车可通达 •村庄主要道路两侧和重要路口进行简单绿化，增设照明设施，设置排水沟渠	8
	绿化环境		• 有1个以上供村民（及外来人口）乘凉、休憩的绿化小公园和小绿荫地等 • 村域河涌、池塘水面无垃圾，无异味、臭味	7
	社会救助和保障覆盖率		• 新型农村合作医疗参保率或参合率达到90%以上 • 家庭人均纯收入低于当地最低生活保障标准的家庭享受最低生活保障的比例达到100% • 符合农村社会养老保险参保条件的村民参保比例达到100%	10
健康性	生活垃圾收集、处理情况	30	• 建设垃圾收集点，定点收集、定时清运，保持环境整洁 • 大力推行改厕工程，80%农户有卫生厕所，村庄建有一个以上水冲式公共厕所 • 人畜粪便要进行无害化处理 • 生活垃圾运往附近垃圾场处理	10
	污水处理		• 有简易污水处理设施	10
	安全用水		• 通过集中供水和分户设置水箱等方法，实现全部村民用水清洁卫生	10

续表

评价内容	评价指标	分值	建设目标	权重
方便性	综合服务设施	20	• 有小商铺 • 有医疗卫生服务场所，并常备医疗设备和药品 • 有文体活动场所	8
	交通条件		• 符合客车安全通行条件的行政村通达客车 • 已通客车行政村建有车亭或客运站点	6
	柴草灶的农户比例		• 低于 10%	6
安全性	社会治安状况	15	• 近两年未发生过刑事案件 • 基本无私彩、无吸毒 • 无集体上访事件	7
	自然灾害问题		• 配置完善的防灾设施，已制定防治自然灾害的长效机制 • 考核期间没有出现群死、群伤的自然灾害事件	8

资料来源：广东省住房和城乡建设厅，2010

（四）村庄发展评价的历史遗产资源指标

村庄发展评价的历史遗产资源指标由《传统村落评价认定指标体系（试行）》中获取，传统村落评价认定指标体系分为三部分，即传统村落建筑评价指标、村落选址和格局评价指标及村落承载的非物质文化遗产评价指标。传统村落建筑评价指标体系、村落选址和格局评价指标体系、村落承载的非物质文化遗产评价指标体系指标均包含定量评估、定性评估两部分（表 2-5）。

表 2-5 传统村落评价认定指标体系

类别	指标	指标分解
定量评估	久远度	现存最早建筑的修建年代
		传统建筑群集中修建年代
	稀缺度	文物保护单位等级
	规模	传统建筑占地面积
	比例	传统建筑用地面积占全村建设用地面积比例
	丰富度	建筑功能种类
定性评估	完整性	现存传统建筑（群）及其建筑细部乃至周边环境保存情况
	美学价值	现存传统建筑（群）所具有的建筑造型、结构、材料或装饰等美学价值
	工艺传承	至今仍大量应用传统技艺营造的日常生活建筑

资料来源：住房和城乡建设部等，2012

（五）小结

目前我国村庄发展缺乏统一的指标评价标准，难以综合评价全国村庄发展状况。现有评价指标从国家到地方主要有 4 个方面的问题：①各评价指标体系相对独立。②各评价指标体系的指标选取基本符合评价的目的，但评价指标体系之间指标的差异性较大。③评价指标体系之间相互借鉴性差，横向比较困难。④评价指标采集的类型对评价方法具有一定影响。

三、全国村庄建设单指标差异分析

（一）社会经济水平差异

农村规模方面，全国大部分村庄规模为 2000 人以下，上海、江苏、安徽、广东、广西、重庆、云南等省份的村庄规模较大，达到 2000 人以上，其中，上海和安徽的村庄规模最大，平均每村超过 3000 人（图 2-1）。农村暂住人口数可以体现该地农村的吸引力，北京、天津、上海、江苏、浙江、广东等经济发展较快的省份农村人口吸引力最大（图 2-2）。

将城乡居民收入加以对比，为了与其他指标保持方向相同，选择用农村居民年收入与城镇居民年收入的比值，比值越接近 1 说明城乡居民收入差距越小，城乡居民收入比呈现出显著的东西地区差异，东部省份收入差距小于西部省份，东北地区、京津冀地区和江苏、上海、浙江及江西等省份的城乡居民收入差距较小（图 2-3）。

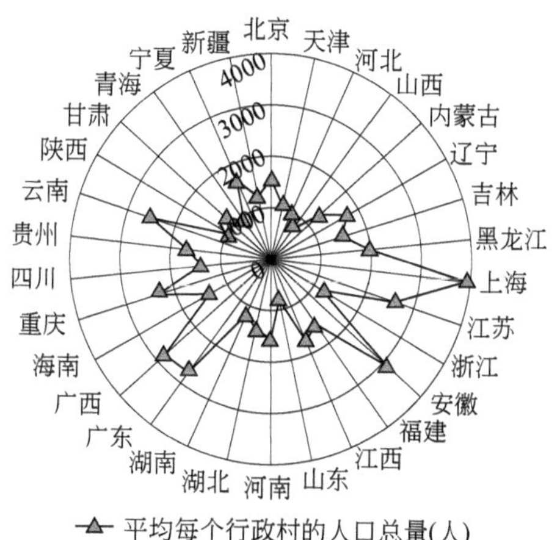

图 2-1　2013 年村庄平均人口规模

资料来源：住房和城乡建设部，2013

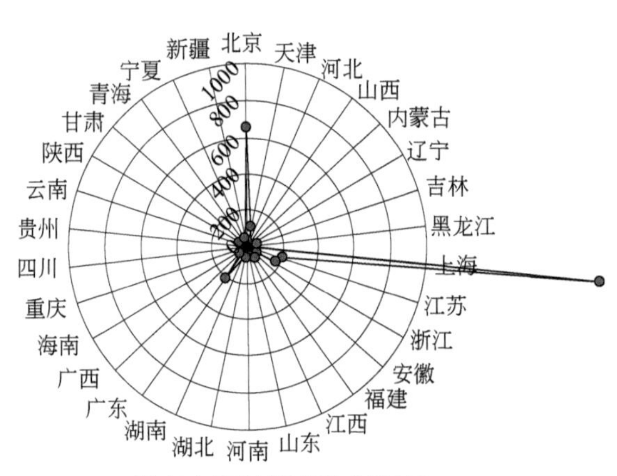

图 2-2　2013 年农村暂住人口数量

资料来源：住房和城乡建设部，2013

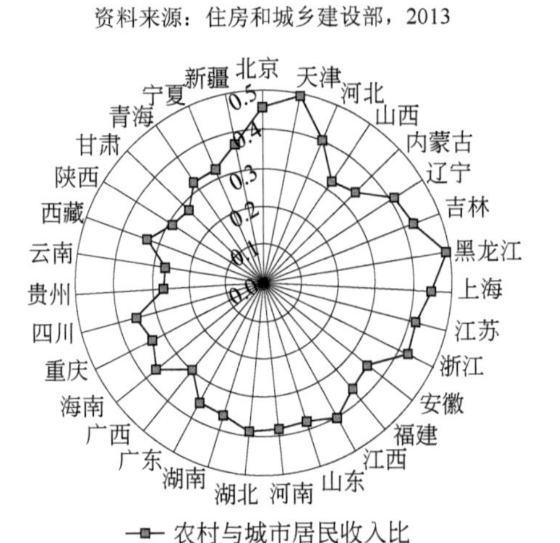

图 2-3　2013 年城乡居民收入对比

资料来源：国家统计局农村社会经济调查司，2014a

（二）基础设施发展水平差异

农村基础设施发展情况以各类设施的普及程度作为衡量标准，包括燃气、生活污水处理、生活垃圾处理、宽带和公交等，主要可以体现农村居民生活水平、便利程度和农村环境。通过对全国各省份各项基础设施覆盖程度对比分析发现，存在较为明显的东西部差异，东部省份显著优于中部和西部省份。

在燃气普及程度方面，东南沿海省份普及率较高，其中，上海达到 85%，为全国最高的省份（图 2-4）。公共交通建设较好的省份集中在东部、东北地区，中部、西部地区阶梯递减，通行率最高的地区为上海，达到 96%（图 2-5）。村庄推行生活垃圾处理在东部和中部地区的水平较高，垃圾处理覆盖比例最高的北京为83%，最低的黑龙江仅有2.6%（图2-6）。而生活污水处理方面全国大部分省份普及率都比较低（在10%以下），仅在上海（53%）、浙江（52%）、江苏（26%）和北京（23%）等少数省份推广，全国大部分农村地区依然覆盖程度不高（图 2-7）。宽带和有线电视覆盖情况全国范围比较理想，很多省份如上海、江苏、浙江等，已接近100%全覆盖（图 2-8）；但也有省份覆盖率较低，如西藏、青海的农村宽带覆盖率仅为1.56%和24%，甘肃农村有线电视覆盖率仅为37%。有线电视覆盖方面，除贵州（41.49%）、甘肃（37.28%）、新疆（47.84%）外，其余省份均超过50%（图2-9）。

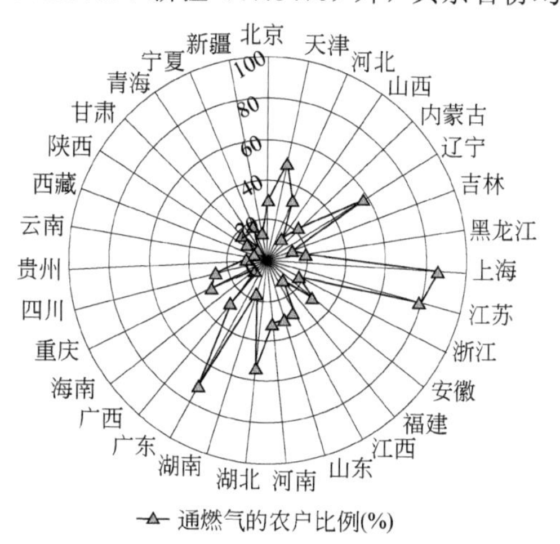

图 2-4　2013 年农村燃气普及率

资料来源：国家统计局农村社会经济调查司，2014b

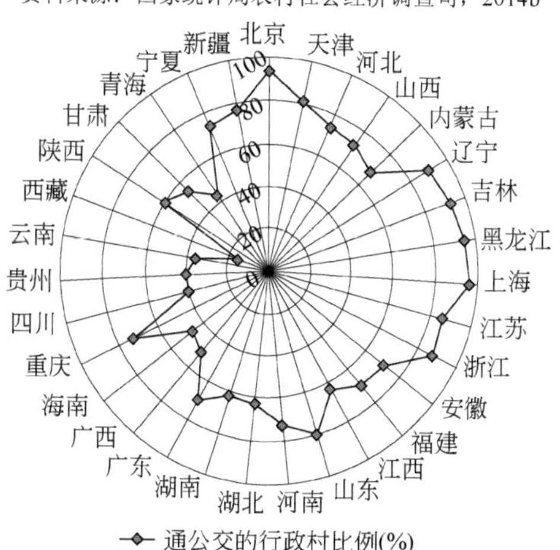

图 2-5　2013 年农村公共交通通行率

资料来源：国家统计局农村社会经济调查司，2014b

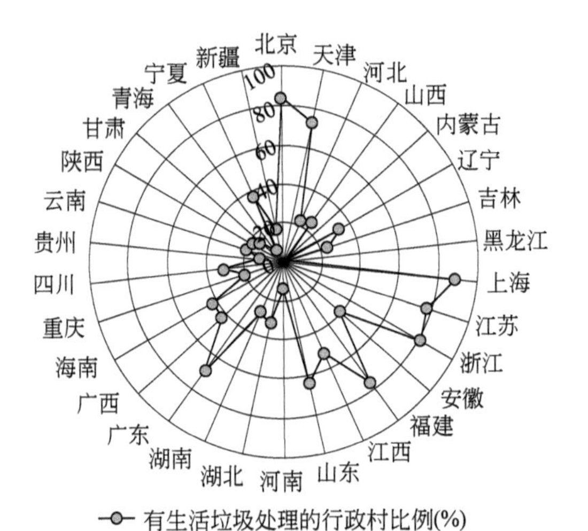

图 2-6　2013 年农村生活垃圾处理覆盖率

资料来源：住房和城乡建设部，2013

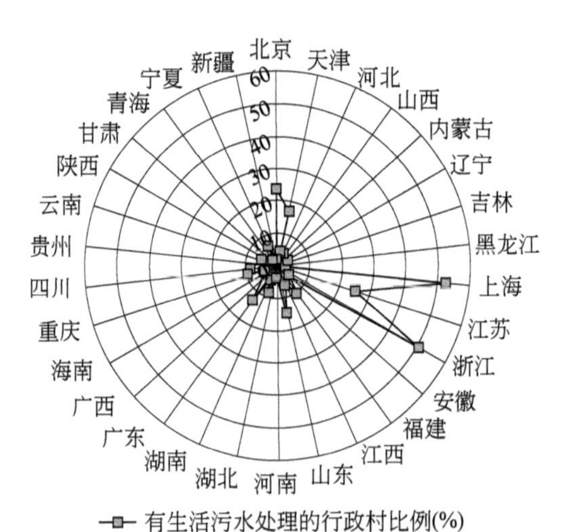

图 2-7　2013 年农村生活污水处理覆盖率

资料来源：国家统计局农村社会经济调查司，2014b

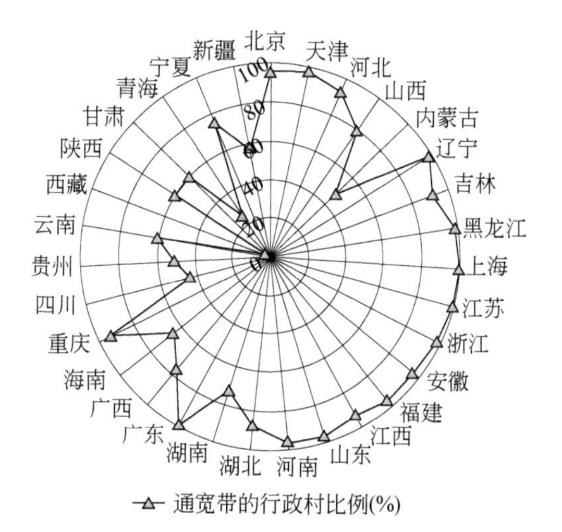

图 2-8 2013 年农村宽带覆盖率

资料来源：国家统计局农村社会经济调查司，2014b

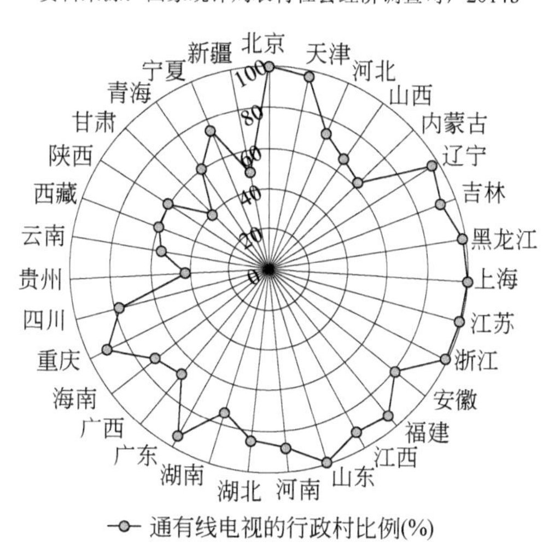

图 2-9 2013 年农村有线电视覆盖率

资料来源：国家统计局农村社会经济调查司，2014b

（三）规划发展水平差异

村庄规划是发展的基础。我国农村已经积极开展规划编制工作，并在建设方面取得了较大成果。在村庄规划编制方面，北京、江苏、安徽、福建、江西、湖北、云南和新疆等省份的编制情况较好，80%以上的行政村开展了规划编制工作（图 2-10）。农村建设主要包括房屋建设和市政公共设施建设，其中房屋建设是农村建设的主体。2013 年村庄投资的 8183 亿元中，房屋建设投资额达到 6334 亿元。房屋建设方面，西南地区各省份及湖北、江西、浙江和福建比较突出，其中，重庆农村每平方千米实有房屋建筑面积达 41.75 万平方米，为全国最高的省份（图 2-11）。

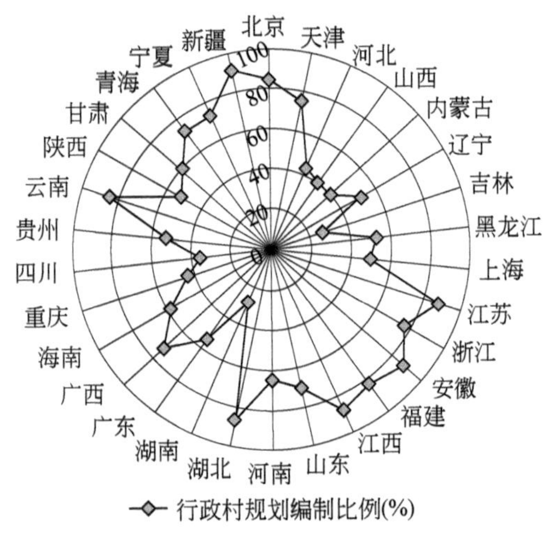

图 2-10　2013 年村庄规划编制比例

资料来源：住房和城乡建设部，2013

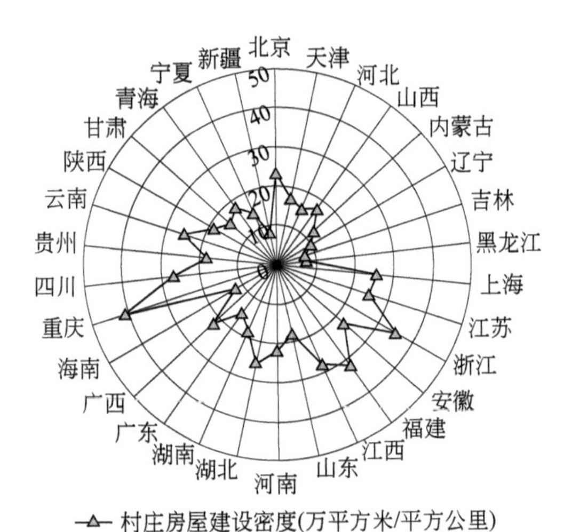

图 2-11　2013 年村庄房屋建设密度

资料来源：住房和城乡建设部，2013

2013 年农村市政公共设施投资达 1849 亿元，主要包括道路和各类管道建设，以修建公里数和农村总占地面积的比值作为衡量标准。道路建设方面，北京、湖北、重庆、陕西、青海和宁夏等省份道路建设水平较高，其中，重庆达到 38.97 公里/平方千米，为全国最高（图 2-12）。供排水管道沟渠建设方面，直辖市、华东、华南和西北地区省份建设水平较高（图 2-13）。

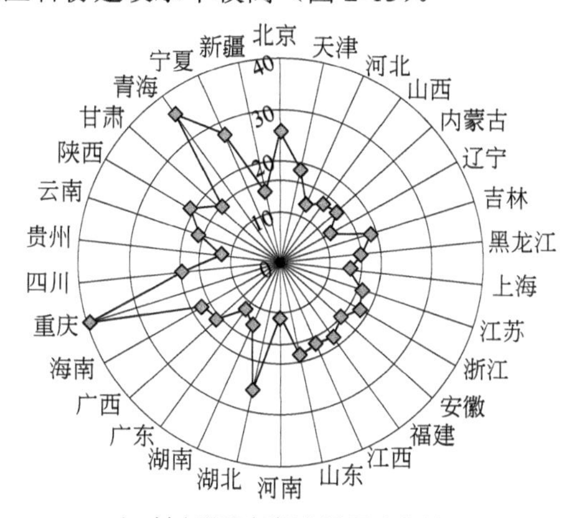

图 2-12　2013 年村内道路密度

资料来源：住房和城乡建设部，2013

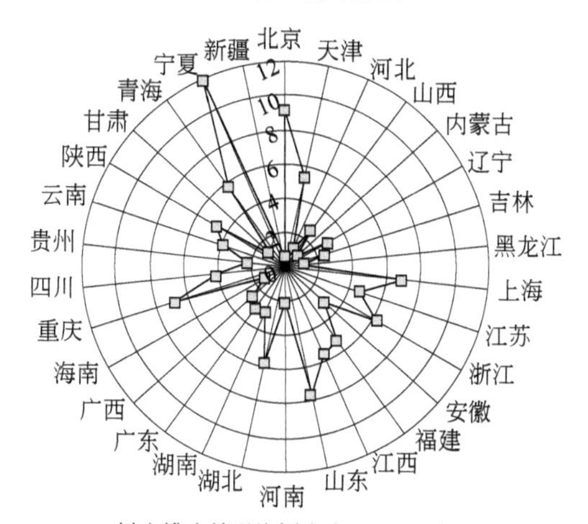

图 2-13　2013 年村庄排水管道沟渠密度

资料来源：住房和城乡建设部，2013

四、全国村庄建设发展指标选择

（一）指标初选

以 2009～2015 年的《中国城乡建设统计年鉴》和 2010～2016 年的《中国农

村统计年鉴》作为指标来源，考察各项指标的多年连续可获得性，同时尽可能全面地反映行政村建设各方面水平，研究遴选出一定数量的初选数据，形成速度评价计算的待选指标集合（表 2-6，表 2-7）。

表 2-6　村庄建设发展统计指标连续性分析

数据来源		2010～2016 年《中国农村统计年鉴》							
指标分类	开展统计的指标	数据年份							备注
		2009	2010	2011	2012	2013	2014	2015	
基本情况	乡村人口数（万人）	√	√	√	√	√	√	√	
	乡村人口占总人口比重（%）	√	√	√	√	√	√	√	
	乡村就业人数（万人）	√	√	—	—	—	—	—	
	乡村就业人数_第一产业（万人）	√	√	—	—	—	—	—	
	乡村就业人数_乡镇企业（万人）	√	√	—	—	—	—	—	
农村投资	农村住户固定资产投资额（亿元）	√	√	√	√	√	√	√	2009～2011 年为“农村固定资产”；2011、2012 年为“农村居民个人固定资产”；2013～2015 年为“农村住户固定资产”
	农村住户固定资产投资_建筑工程投资额（亿元）	√	√	√	√	√	√	√	
	农村住户固定资产投资_建筑工程投资额_住宅（亿元）	√	√	√	√	√	√	√	
	农村住户固定资产投资_设备工具器具购置投资额（亿元）	√	√	√	√	√	√	√	
	农村住户固定资产投资_设备工具器具购置投资额_生产设备（亿元）	√	√	√	√	√	√	√	
	农村住户固定资产投资_农林牧渔业投资额（亿元）	√	√	√	√	√	√	√	2009 年按照《国民经济行业分类》（GB/T4754—2002）分为 20 个行业统计，包括“农业，制造业，建筑业，交通运输、仓储和邮政业，房地产业，居民服务和其他服务业”等
	农村住户固定资产投资_制造业投资额（亿元）	√	√	√	√	√	√	√	
	农村住户固定资产投资_建筑业投资额（亿元）	√	√	√	√	√	√	√	

续表

数据来源		2010～2016年《中国农村统计年鉴》							
指标分类	开展统计的指标	数据年份							备注
		2009	2010	2011	2012	2013	2014	2015	
农村投资	农村住户固定资产投资_交通运输、仓储和邮政业投资额（亿元）	—	—	√	√	√	√	√	2009年按照《国民经济行业分类》（GB/T4754—2002）分为20个行业统计，包括“农业，制造业，建筑业，交通运输、仓储和邮政业，房地产业，居民服务和其他服务业”等
	农村住户固定资产投资_房地产业投资额（亿元）	—	—	√	√	√	√	√	
	农村住户固定资产投资_居民服务和其他服务业投资额（亿元）	—	—	√	√	√	√	√	
	农村住户固定资产投资_竣工房屋投资额（亿元）	—	—	—	—	—	√	√	
	农村住户固定资产投资_竣工房屋投资额_住宅（亿元）	—	—	—	—	—	√	√	
	房屋施工面积（万平方米）	—	—	—	—	—	√	√	
	房屋竣工面积（万平方米）	—	—	—	—	—	√	√	
	房屋竣工面积_住宅（万平方米）	√	√	√	√	√	√	√	2009～2013年为“年内新建（购）住房面积-平方米/人”、“年末住房面积-平方米/人”
	竣工房屋造价（元/平方米）	—	—	—	—	—	√	√	
	竣工房屋造价_住宅（元/平方米）	√	√	√	√	√	√	√	2009～2013年为“年内新建（购）住房价值-元/平方米”、“年末住房价值-元/平方米”
收入与支出	可支配收入_工资性收入（元/人）	√	√	√	√	√	√	√	2009～2013年为“纯收入”；2014、2015年为“可支配收入”
	可支配收入_经营净收入（元/人）	√	√	√	√	√	√	√	

续表

数据来源		2010～2016年《中国农村统计年鉴》							
指标分类	开展统计的指标	数据年份							备注
		2009	2010	2011	2012	2013	2014	2015	
收入与支出	可支配收入_财产净收入（元/人）	√	√	√	√	√	√	√	2009～2013年为“纯收入”；2014、2015年为“可支配收入”
	可支配收入_转移净收入（元/人）	√	√	√	√	√	√	√	
	农村居民消费支出（元/人）	√	√	√	√	√	√	√	2009年为“生活性消费支出”
	消费支出_食品烟酒支出（元/人）	√	√	√	√	√	√	√	2013年为“食品支出”；2014、2015年为“食品烟酒支出”
	消费支出_衣着支出（元/人）	√	√	√	√	√	√	√	
	消费支出_居住支出（元/人）	√	√	√	√	√	√	√	
	消费支出_生活用品及服务支出（元/人）	√	√	√	√	√	√	√	
	消费支出_交通通信支出（元/人）	√	√	√	√	√	√	√	
	消费支出_教育文化娱乐支出（元/人）	√	√	√	√	√	√	√	
	消费支出_医疗保健支出（元/人）	√	√	√	√	√	√	√	
	消费支出_其他用品及服务支出（元/人）	√	√	√	√	√	√	√	
农村文化教育卫生社会服务	乡(镇)卫生院(个)	√	√	√	√	√	√	√	
	乡（镇）卫生人员数（个）	√	√	√	√	√	√	√	
	乡（镇）卫生院床位（张）	√	√	√	√	√	√	√	
	村卫生室（个）	√	√	√	√	√	√	√	
	设卫生室的村数占行政村数比重（%）	√	√	√	√	√	√	√	

续表

数据来源		2010～2016年《中国农村统计年鉴》							
指标分类	开展统计的指标	数据年份							备注
		2009	2010	2011	2012	2013	2014	2015	
农村文化教育卫生社会服务	乡村医生和卫生员（人）	√	√	√	√	√	√	√	
	平均每千农村人口村卫生室人员（人）	√	√	√	√	√	√	√	2009～2014年为“每千农业人口”；2015年为“每千农村人口”
	农村养老服务机构数（个）	√	√	√	√	√	√	√	
	农村养老服务机构年末收养人数（人）	√	√	√	√	√	√	√	2009年为“年末在院人数”
	乡镇文化站（个）	√	√	√	√	√	√	√	
	群众文化馆办文艺团体（个）	—	—	—	√	√	√	—	
	群众业余演出团（队）（个）	√	√	√	√	√	√	—	
	农村居民最低生活保障人数（人）	√	√	√	√	√	√	√	
	农村最低生活保障支出（万元）	√	√	√	√	√	√	√	2009年为“农村最低生活保障线救济费”
综合概要	第一产业增加值占地区生产总值比重（%）	√	√	√	√	√	√	√	
	镇区及乡村消费品零售额占全社会消费品零售额的比重（%）	√	√	√	√	√	√	√	2009年为“县及县以下”；2011～2015年为“镇区及乡村”
	农村居民人均可支配收入（元/人）	√	√	√	√	√	√	√	2009～2013年为“纯收入”；2014、2015年为“可支配收入”
	城镇居民人均可支配收入（元/人）	√	√	√	√	√	√	√	
	城乡居民收入水平对比（农村居民=1）	√	√	√	√	√	√	√	
	城镇居民消费水平（元/人）	√	√	√	√	√	√	√	
	农村居民消费水平（元/人）	√	√	√	√	√	√	√	
	城乡居民消费水平对比（农村居民=1）	√	√	√	√	√	√	√	

续表

数据来源		2010～2016 年《中国农村统计年鉴》							
指标分类	开展统计的指标	数据年份							备注
		2009	2010	2011	2012	2013	2014	2015	
生产条件	实际耕地灌溉面积（千公顷）	√	√	√	√	√	√	√	2012、2013 年为“有效灌溉面积”；2014、2015 年为“实际灌溉面积”
	新增耕地灌溉面积（千公顷）	—	—	—	—	—	√	√	
	节水灌溉面积（千公顷）	—	—	—	—	—	√	√	
	新增节水灌溉面积（千公顷）	—	—	—	—	—	√	√	
	乡村办水电站（个）	√	√	√	√	√	√	√	
	装机容量（万千瓦）	√	√	√	√	√	√	√	
	发电量（万千瓦时）	√	√	√	√	√	√	√	
	农村用电量（亿千瓦时）	√	√	√	√	√	√	√	
生态环境	自来水累计受益人口（万人）	√	√	√	√	√	√	—	
	累计使用卫生厕所户数（万户）	√	√	√	√	√	√	√	
	卫生厕所普及率（%）	√	√	√	√	√	√	√	
	沼气池产气总量（万立方米）	√	√	√	√	√	√	√	
	沼气池产气总量_沼气工程（万立方米）	√	√	√	√	√	√	√	
	太阳能热水器（万平方米）	√	√	√	√	√	√	√	

注：“√”表示该指标当年有统计，“—”表示该指标当年并无统计

表 2-7　村庄建设发展统计指标连续性分析（副表）

数据来源		2009～2015 年《中国城乡建设统计年鉴》						
指标分类	开展统计的指标	数据年份						
		2009	2010	2011	2012	2013	2014	2015
人口面积	村庄现状用地面积（公顷）	√	√	√	√	√	√	√
	行政村个数（个）	√	√	√	√	√	√	√

续表

数据来源		2009～2015年《中国城乡建设统计年鉴》						
指标分类	开展统计的指标	数据年份						
		2009	2010	2011	2012	2013	2014	2015
人口面积	自然村个数（个）	√	√	√	√	√	√	√
	村庄户籍人口（万人）	√	√	√	√	√	√	√
	村庄暂住人口（万人）	√	√	√	√	√	√	√
规划整治	有建设规划的行政村占全部行政村比例（%）	√	√	√	√	√	√	√
	有建设规划的自然村占全部自然村比例（%）	√	√	√	√	√	√	√
	各级各类村庄整治个数合计（个）	√	√	√	√	√	√	√
公用设施	年生活用水量（万立方米）	√	—	√	√	√	√	√
	用水人口（万人）	√	—	√	√	√	√	√
	用水普及率（%）	√	—	√	√	√	√	√
	人均日生活用水量（升）	√	—	√	√	√	√	√
	本年新增供水管道长度（公里）	√	—	√	√	√	√	√
	本年新增排水管道沟渠长度（公里）	√	—	√	√	√	√	√
	本年新增铺装道路长度（公里）	√	—	√	√	√	√	√
	集中供水的行政村占比（%）	√	√	√	√	√	√	√
	对生活污水进行处理的行政村占比（%）	√	√	√	√	√	√	√
	有生活垃圾收集点的行政村占比（%）	√	√	√	√	√	√	√
	对生活垃圾进行处理的行政村占比（%）	√	√	√	√	√	√	√
村庄房屋	住宅_本年建房户数（户）	√	√	√	√	√	√	√
	住宅_本年建房户数_在新址上新建（户）	√	√	√	√	√	√	√
	住宅_年末实有建筑面积（万平方米）	√	√	√	√	√	√	√
	住宅_年末实有建筑面积_混合结构以上（万平方米）	√	√	√	√	√	√	√
	住宅_本年竣工建筑面积（万平方米）	√	√	√	√	√	√	√

续表

数据来源		2009～2015 年《中国城乡建设统计年鉴》						
指标分类	开展统计的指标	数据年份						
		2009	2010	2011	2012	2013	2014	2015
村庄房屋	住宅_本年竣工建筑面积_混合结构以上（万平方米）	√	√	√	√	√	√	√
	住宅_人均住宅建筑面积（平方米）	√	√	√	√	√	√	√
	公共建筑_年末实有建筑面积（万平方米）	√	√	√	√	√	√	√
	公共建筑_年末实有建筑面积_混合结构以上（万平方米）	√	√	√	√	√	√	√
	公共建筑_本年竣工建筑面积（万平方米）	√	√	√	√	√	√	√
	公共建筑_本年竣工建筑面积_混合结构以上（万平方米）	√	√	√	√	√	√	√
	生产性建筑_年末实有建筑面积（万平方米）	√	√	√	√	√	√	√
	生产性建筑_年末实有建筑面积_混合结构以上（万平方米）	√	√	√	√	√	√	√
	生产性建筑_本年竣工建筑面积（万平方米）	√	√	√	√	√	√	√
	生产性建筑_本年竣工建筑面积_混合结构以上（万平方米）	√	√	√	√	√	√	√
建设投入	村庄本年建设投入_房屋（万元）	√	√	√	√	√	√	√
	村庄本年建设投入_房屋_住宅（万元）	√	√	√	√	√	√	√
	村庄本年建设投入_房屋_公共建筑（万元）	√	√	√	√	√	√	√
	村庄本年建设投入_房屋_生产性建筑（万元）	√	√	√	√	√	√	√
	村庄本年建设投入_市政公用设施（万元）	√	√	√	√	√	√	√
	村庄本年建设投入_市政公用设施_供水（万元）	√	√	√	√	√	√	√
	村庄本年建设投入_市政公用设施_道路桥梁（万元）	√	√	√	√	√	√	√
	村庄本年建设投入_市政公用设施_排水（万元）	√	√	√	√	√	√	√

续表

数据来源		2009～2015 年《中国城乡建设统计年鉴》						
指标分类	开展统计的指标	数据年份						
		2009	2010	2011	2012	2013	2014	2015
建设投入	村庄本年建设投入_市政公用设施_防洪（万元）	√	√	√	√	√	√	√
	村庄本年建设投入_市政公用设施_园林绿化（万元）	√	√	√	√	√	√	√
	村庄本年建设投入_市政公用设施_环境卫生（万元）	√	√	√	√	√	√	√
	村庄本年建设投入_市政公用设施_其他（万元）	√	√	√	√	√	√	√

注：“√”表示该指标当年有统计，“—”表示该指标当年并无统计

（二）指标确定

通过整理，发现《中国农村统计年鉴》缺失的数据为 2011～2015 年的乡村就业人数；2009～2010 年的农村住户固定资产投资（交通运输、仓储和邮政业投资额，房地产业投资额，居民服务和其他服务业投资额）；2009～2013 年的农村住户固定资产投资（竣工房屋投资额）、房屋施工面积、竣工房屋造价。《中国城乡建设统计年鉴》缺乏的数据为 2010 年全年生活用水量、用水人口、用水普及率、人均日生活用水量、本年新增供水管道/排水管道/铺装道路长度。充分考虑指标的信度和效度，剔除数据不完全的指标之后，村庄建设发展指标被进一步分成了四大类，即人口、建设、经济、居民生活（表 2-8）。

表 2-8　全国行政村建设速度评价筛选通过指标

发展速度评价角度	指标名称	指标选取原因
人口	村庄规模（人/村）年均增长率	反映地区人口和用地变化速率
	村庄用地（平方千米/村）年均增长率	
建设	村庄规划编制比例年均增长率	反映地区建设发展速率
	农村平均道路建设面积（公里/平方千米）年均增长率	
	村均年均房屋竣工面积（万平方米）	
经济	用电量（万千瓦时/村）年均增长率	体现地区经济和非农产业发展状况
居民生活	村庄整治比例年均增长率	人居环境和生活质量提高
	人均住宅面积（平方米）年均增长率	
	公交通行年均增长率	

第二节　村庄发展速度类型识别

考虑到对不同发展阶段地区的村庄来说，快速建设发展的侧重点并不相同，因此，将定量识别分为两个步骤：首先，将全国村庄发展阶段分为三类地区；其次，对每类地区内村庄进行速度评价。

一、统计指标定量识别

（一）地区阶段划分：主成分分析法

主成分分析（principal components analysis，PCA）旨在利用降维的思想，把多指标转化为少数几个综合指标，减少数据集的维数，同时保持数据集的对方差贡献最大的特征。

1）原始指标数据标准化采集 p 维随机向量 $x=(x_1, x_2, \cdots, x_p)^{\mathrm{T}}$，$n$ 个样品 $x_i=(x_{i1}, x_{i2}, \cdots, x_{ip})^{\mathrm{T}}$，$i=1, 2, \cdots n$。

$n>p$，构造样本阵，对样本阵元进行如下标准化变换：

$$Z_{ij}=\frac{x_{ij}-\bar{x}_j}{s_j}, i=1,2,\cdots,n; j=1,2,\cdots,p$$

其中 $\bar{x}_j=\frac{\sum_{i=1}^{n} x_{ij}}{n}, s_j^2=\frac{\sum_{i=1}^{n}(x_{ij}-\bar{x}_j)^2}{n-1}$，得标准化矩阵 Z。

2）对标准化矩阵 Z 求相关系数矩阵。

$$R=[r_{ij}]_p xp=\frac{Z^{\mathrm{T}} \bullet Z}{n-1}$$

其中 $r_{ij}=\frac{\sum z_{kj} \bullet z_{kj}}{n-1}, i, j=1,2,\cdots,p$。

3）解样本相关矩阵 R 的特征方程 $|R-\lambda I_p|=0$ 得 p 个特征根，确定主成分。按 $\frac{\sum_{j=1}^{m} \lambda_j}{\sum_{j=1}^{p} \lambda_j} \geqslant 0.85$ 确定 m 值，使信息的利用率达 85%以上，对每个 λ_j，$j=1, 2, \cdots, m$，解方程组 $R\mathrm{b}=\lambda_j \mathrm{b}$ 得单位特征向量 b_j^{o}。

4）将标准化后的指标变量转换为主成分。

$$U_{ij}=z_i^{\mathrm{T}} \bullet b_j^{o}, j=1,2,\cdots,m$$

U_1称为第一主成分，U_2 称为第二主成分，…，U_p 称为第 p 主成分。

5）对 m 个主成分进行综合评价。对 m 个主成分进行加权求和，即得最终评价值，权数为每个主成分的方差贡献率。

划分全国村庄发展阶段时，首先根据需求确定发展评价指标，汇总各个省份关于村庄建设的相关数据；由于各个发展指标的数量级不一致，需进行标准化操作，然后计算各个村发展指标的相关增长率；最后利用主成分分析法计算得出各省份的综合评价，并根据综合评价将全国划分为村庄整体发展水平较好的第Ⅰ阶段、村庄整体发展水平中等的第Ⅱ阶段、村庄整体发展有待提升的第Ⅲ阶段（表 2-9）。

表 2-9　全国村庄发展阶段的地区划分指标

序号	评价指标		数据名称/计算方法
1	经济	村庄经济活力	村庄暂住人口÷村庄户籍人口
2		村庄人口密度	村庄人口密度
3	建设	建设投入	村庄本年建设投入
4			
5	公共服务	医疗服务	村庄卫生站（室）个数
6		文化服务	村庄文化站（室）个数
7	基础设施	供水	村庄供水普及率
8		燃气	村庄燃气普及率
9		集中供热	村庄集中供热面积÷村庄面积
10		污水处理	村庄生活污水处理量÷村庄生活污水总量
11		垃圾处理	村庄生活垃圾中转站个数
12	环境	道路亮化	村庄道路照明灯盏数÷村庄道路长度
13			

（二）指标权重获取：熵权法

熵权法的基本思路是根据指标变异性的大小来确定客观权重。一般来说，若某个指标的信息熵 E_j 越小，表明指标值的变异程度越大，提供的信息量越多，在综合评价中所能起到的作用也越大，其权重也就越大。相反，某个指标的信息熵

E_j 越大，表明指标值的变异程度越小，提供的信息量也越少，在综合评价中所起到的作用也越小，其权重也就越小。

1）数据标准化。将各个指标的数据进行标准化处理。

假设给定了 k 个指标 X_1，X_2，…，X_k，其中 $X_i=\{x_1, x_2, \cdots, x_n\}$。假设对各指标数据标准化后的值为 Y_1，Y_2，…，Y_K，那么 $Y_{ij}=\dfrac{x_{ij}-\min(x_i)}{\max(x_i)-\min(x_i)}$。

2）求各指标的信息熵。根据信息论中信息熵的定义，一组数据的信息熵 $E_j=-\ln(n)^{-1}\sum_{i=1}^{n}p_{ij}\ln p_{ij}$。其中 $p_{ij}=Y_{ij}/\sum_{i=1}^{m}Y_{ij}$，如果 $p_{ij}=0$，则定义 $\lim_{p_n\to 0}p_{ij}\ln p_{ij}=0$。

3）确定各指标权重。根据信息熵的计算公式，计算出各个指标的信息熵为 E_1，E_2，…，E_k。通过信息熵计算各指标的权重：$W_i=\dfrac{1-E_i}{k-\sum E_i}(i=1,2,\cdots,k)$。

（三）村庄发展速度划定

评价村庄发展速度的方法为综合指数法，公式为各指标平均增长率×100%×权重之和，根据选取的指标和评价标准，为降低专家打分法、层次分析法的主观随意性，避免因子分析法需要大量样本的要求，选择熵权法来确定各项指标权重，权重赋值越大表示该指标对镇或村发展速度的促进作用越明显。根据公式对全国现可获取的2009～2012年的村庄建设发展增长变化数据进行分析。

通过对各项数据进行标准化处理，经熵权法公式计算各项指标权重，再将各项标准化处理后的数据与相应权重乘积加和，得到发展速度综合指数，在同一分组内部根据数据分布进行发展速度快速、自然与缓慢的村庄阶段划分。

1. 第Ⅰ阶段村庄发展速度指标

村庄发展水平较好的省份发展速度的综合指数为：

村庄规模年均增长率×0.063+村庄用地年均增长率×0.101+村庄规划编制比例年均增长率×0.162+村庄内道路建设面积年均增长率×0.070+村庄年均房屋竣工面积×0.095+村庄用电量年均增长率×0.153+村庄整治比例年均增长率×0.068+村庄人均住宅面积年均增长率×0.089+城乡公交覆盖年均增长率×0.199。

2. 第Ⅱ阶段村庄发展速度指标

村庄发展水平中等的省份发展速度的综合指数为：

村庄规模年均增长率×0.122+村庄用地年均增长率×0.155+村庄规划编制比例年均增长率×0.077+村庄内道路建设面积年均增长率×0.088+村庄年均房屋竣工面积×0.124+村庄用电量年均增长率×0.090+村庄整治比例年均增长率×

0.108+村庄人均住宅面积年均增长率×0.123+城乡公交覆盖年均增长率×0.113。

3. 第Ⅲ阶段村庄发展速度指标

村庄发展水平需要提升的省份发展速度的综合指数为：

村庄规模年均增长率×0.107+村庄用地年均增长率×0.037+村庄规划编制比例年均增长率×0.089+村庄内道路建设面积年均增长率×0.174+村庄年均房屋竣工面积×0.117+村庄用电量年均增长率×0.112+村庄整治比例年均增长率×0.118+村庄人均住宅面积年均增长率×0.114+城乡公交覆盖年均增长率×0.132（表 2-10）。

表 2-10　村庄发展速度指标权重

指标名称	第 I 阶段权重赋值	第 II 阶段权重赋值	第 III 阶段权重赋值
村庄规模年均增长率	0.063	0.122	0.107
村庄用地年均增长率	0.101	0.155	0.037
村庄规划编制比例年均增长率	0.162	0.077	0.089
村庄内道路建设面积年均增长率	0.070	0.088	0.174
村庄年均房屋竣工面积	0.095	0.124	0.117
村庄用电量年均增长率	0.153	0.090	0.112
村庄整治比例年均增长率	0.068	0.108	0.118
村庄人均住宅面积年均增长率	0.089	0.123	0.114
城乡公交覆盖年均增长率	0.199	0.113	0.132

村庄规模年平均增长率、村庄用地年均增长率、村庄人均住宅面积年均增长率和村庄内道路建设面积年均增长率，反映村庄的土地利用变化情况；村庄年均房屋竣工面积反映农村房屋需求和投资数量；村庄用电量年均增长率反映区域经济发展水平；村庄规划编制比例年均增长率反映农村近期建设热度；城乡公交覆盖年均增长率在一定程度上反映周边城市对村庄发展速度的影响。各阶段的村庄发展速度区分指标的权重有所差异，第 III 阶段村内道路建设面积增长率相对重要，第 II 阶段表现为村庄用地增长，而在第 I 阶段区分度较大的指标是村庄规划编制和城乡公交覆盖程度。

二、特征描述定性识别

对应定量识别结果指标得分，总结不同发展类型村庄特征与存在问题

（表 2-11）。

表 2-11　村庄发展速度特征

地区	发展类型	发展特征	存在的问题
第Ⅰ阶段	发展快速的村庄	村庄住宅用地增长快速，村庄内平均道路建设面积、人均住宅面积、用电量增长率、公共交通普及率增长迅速，且均居于本阶段地区的前列；农村学校、医疗诊所覆盖率高	农村耕地占用严重，森林、草地覆盖率持续减少；农业生产粗放，土地利用率不高
	发展自然的村庄	村庄平均道路建设面积、用电量增长率、公共交通普及率处于本阶段地区平均水平；有相对完善的教育、医疗设施	
	发展缓慢的村庄	村庄平均道路建设面积、用电量增长率、公共交通普及率明显低于本阶段地区平均水平	
第Ⅱ阶段	发展快速的村庄	村庄用地增长、人均住宅面积增长、道路增长和公共交通增长高于本阶段地区平均水平	基础设施无法满足村庄发展的需要；村庄整治比例较高，基层服务有所欠缺；存在不同程度的劳动力外流，有农村空心化的风险
	发展自然的村庄	村庄用地增长、人均住宅面积增长、道路增长和公共交通增长处于本阶段地区平均水平	
	发展缓慢的村庄	人口增长缓慢；交通通达性较差；用电量增长、道路面积增长明显低于本阶段平均水平	
第Ⅲ阶段	发展快速的村庄	村庄规模增长率、用地增长率、人均住宅面积年均增长率和公共交覆盖率等指标明显高于本阶段平均水平	缺乏特色农业生产
	发展自然的村庄	村庄规模增长和村庄用地增长不明显；道路基础设施覆盖较低	自然条件较差，农业生产落后；劳动人口大量流失，很多村庄出现空心化现象
	发展缓慢的村庄	各项指标均显著低于全国村庄的平均水平	

1）在村庄整体发展水平较好地区，对发展快速的村庄而言，人口规模、村庄整治开展的增长率及村庄道路增长率在同组各省份内差异较小，人口外流情况不明显。学校和医疗卫生等基础设较为完善。相比于同组内发展自然和缓慢的村庄，人口增长相对处于一定的稳定阶段，村庄道路等基础设施建设与村庄整治等工作的覆盖面也较高，村庄内的房屋建设面积则随着村庄规模扩大而增加。此外，随着村庄规模扩大，农村耕地、林地、草地持续减少和粗放型农业生产导致土地利用率不高是三个类型的村庄面临的共同问题。

2）在村庄整体发展水平中等的地区，各个指标之间差异较小。发展快速的村庄主要表现在村庄用地增长、人均住宅面积增长、道路增长和城乡公共交通增长这四项指标高于发展自然和发展缓慢的村庄。本组村庄的主要问题是基础设施和基层服务无法满足村庄发展的需要，基层服务有所欠缺。

3）在村庄整体发展水平有待提升的地区，发展快速的村庄，村庄规模增长率、用地增长率、人均住宅面积和公共交覆盖率等指标明显高于本组平均水平，但许多村庄受区域自然条件的限制，生产力相对较低。而发展自然和发展缓慢的村庄普遍出现明显的人口外流现象，道路基础设施、学校和医疗卫生机构等数量也显著低于其他地区。

基于上述指标选取和分类结论，本书从定性上将具有以下特征的村庄识别为快速发展村庄：具有一定人口规模和较为齐全的公共设施的农村社区，为城乡居民点最基层的完整规划单元，满足以下三种任一情况：

1）受城镇发展因素影响，近期建设活动较多，同时被县（市）域村镇体系规划确定保留的村庄（含中心村、一般村）。该类型主要对应定量识别中所属乡镇域内村庄整治比例增长率、村庄道路建设面积年均增长率、村庄用电量年均增长率、城乡公交覆盖年均增长率等指标得分突出的村庄，这些村庄受区域城镇化形势或专项政策要求等自上而下的力量催动，多以被动形势出现了快速发展现象。

2）经济发展较快，村民改造意愿强，同时被县（市）域村镇体系规划确定保留的村庄（含中心村、一般村）。该类型主要对应村庄规模年均增长率、村庄人均住宅面积年均增长率和村庄年均房屋竣工面积等指标得分突出的村庄，这些村庄多数受自身产业发展的作用，主动进入快速发展阶段。

3）具备现代农业及相关新型业态发展潜力，配套设施建设需求较大，同时被县（市）域村镇体系规划确定保留的村庄（含中心村、一般村）。该类型主要对应村庄用地年均增长率和所属乡镇域内村庄规划编制比例年均增长率等指标得分突出的村庄，这些村庄目前可能尚未出现过多建设，但已有整体开发设想和明确的投资建设主体，在近期即将迎来快速发展。

第三节　快速发展村庄识别结果

对处于第Ⅰ阶段的地区，村庄整体发展已经到较高水平，村庄发展速度差异主要受以下因素影响：①村均年均房屋竣工面积反映农村房屋需求和投资数量。房屋建设是农村建设活动的主要部分，不仅反映了农村建设的需求，同时，作为农村投资的主体部分，也反映了资金投入情况。房屋建设增速越快，说明该地区农村住房、公共建筑和生产性建筑需求量越大，资金投入越多，因此，农村发展速度越快。在本阶段的省份中，发展速度较快的安徽、重庆和上海的年均村均房屋竣工面积排名都居于前位，其中，安徽和重庆分别排在第一位和第二位。②用电量反映地区经济发展水平。用电量是经济发展的晴雨表，包括第一、第二、第三产业和居民生活用电。第一产业需电量较低，因此，用电量较高的省份，非农产业发展较好，生活电气化水平较高，电力需求大。用电量增加越多，说明地区经济发展速度越快。在本阶段的省份中，发展速度较快的上海、安徽和重庆分别排在第一位、第二位和第四位，反映出用电量对农村发展速度的影响。③规划决定农村建设方向。村庄规划是指导乡村发展和建设的基本依据，包括人口与用地、村庄布局、村庄道路交通建设和基础设施配置等各种问题，有利于统筹农村各类资源，优化农村产业结构，保障建设工作的科学性与合理性，同时提升人居环境，保护农村生态环境，实现农村全面协调可持续发展。规划编制数量提升越快，说明该地区对农村发展越重视，农村建设的科学性越高。在本阶段的省份中，发展较快的重庆、安徽和上海分别排在第二位、第三位和第五位，而发展较慢的省份则排名较低。

对处于第Ⅱ阶段的省份，农村整体发展水平中等，村庄发展速度差异主要受以下因素影响：①农村用地是农村发展的基础。农村用地增长，说明农村种植业和养殖业等生产用地面积扩大，或农村建设用地出现增长，是农村加快发展的物质条件。发展较快的四川和广西农村占地面积增长率居于前列，尤其是四川，作为我国的农业大省，年均增长率达到8%以上；发展较慢的省份除吉林外排名均比较靠后。②公交通行率反映城乡关系。城乡公交一体化是统筹城乡发展的重要内容，从城市到农村的公路客运全部实行公交化运营，让农村群众享受到和城市居民一样的公共交通服务，不仅为农村居民带来便利，更有利于打破城乡二元分割的局面，构建相互衔接、运转有序的局面，便于城乡沟通，有助于推进农村发展。公交通行覆盖率发展越快，说明地区城乡协同发展推进越好，越有利于提升农村发展速度。在本组中，重庆和安徽的公交覆盖增长率排在第一位和第三位，上海农村公交通行率同样很高，到2013年已达到95%以上。③发展水平中等的省份农村发展速度同样受规划因素的影响。例如，四川在农村建设中就非常重视以科学规划为引领，注重规划统筹，完善县域村镇体系规划，提倡幸福美丽新村（聚居点）建设和不同类型的村庄人居环境治理。同时注重城乡基础设施互连互通、公共服务设施共建共享，使四川农村各方面都处于较快发展水平。而农村规划编制率较低且增长较慢的辽宁、河北和吉林等省份，农村发展速度就受到了一定限制。

对处于第Ⅲ阶段的省份，农村整体尚未全面步入小康标准，村庄发展速度差异主要受以下因素影响：①农村人口规模的变化体现了农村劳动力外流的情况。农村劳动力外流是在中国特定历史背景和社会经济条件下的一种非农化和城市化的权宜现象。劳动力流动有利于缓解农村人多地少的矛盾，促进农村生产方式的产业化和市场化转型。但同时，外流的劳动力大多是知识技能素质高的青壮年男性，造成农业生产者老龄化、妇女化，对农业发展带来一定的不利影响，使农业生产能力降低。此外，劳动力外流还阻碍了一些地区农村的经营方式改革、基础设施建设和农业技术改良，在一定程度上导致农村和农业发展后劲不足。因此，对农村地区，人口规模的增加说明该地区农村发展在当前阶段没有出现过多的人口外流，劳动力比较充足，有利于提升农村发展速度。在本组中，农村人口变化对发展速度影响比较显著，发展较快的贵州和新疆农村人口规模增长较快，而发展较慢的山西和陕西人口规模逐年减少。②有待提升的省份农村发展速度与用电量相关。随着新农村建设推进，现代农业发展、农村产业结构调整、农牧民生活质量提高使农村用电需求大幅提升。同时，农村城镇化建设，乡镇企业的发展，也使现代化的生活方式进入农村，进一步提升农村用电量。例如，新疆乡镇企业迅速崛起壮大，并通过以工补农、以工建农、以工促农、以工带农，把现代价值观念和现代工商业文明引入农村，有力地促进了农村地区的发展。在用电量增长较慢的山西和陕西，农村发展速度也较慢，体现了用电量与农村发展速度的相关性。③有待提升的省份农村发展速度受规划编制的影响。例如，新疆努力推动农村规划编制、管理、监督全覆盖和一体化，建立多规协调的工作机制，完善城乡规划监督体系，确保城乡规划落到实处；贵州则按照省政府 2015 年“四在农家•美丽乡村”基础设施建设六项行动工作的部署，由贵州省农业委员会牵头，在全省打造 100 个六项行动省级综合示范村，制订了《贵州省 2015 年美丽乡村“百村大战”实施方案》。这些措施都有利于农村地区在后续建设中找准定位，科学发展，改善乡村风貌，发展地方经济，促进农业增效、农民增收、农村繁荣。

第三章　快速发展村庄政策重点

第一节　快速发展村庄的发展动因

目前的研究大多数具有典型区域性特征：从村庄发展动因的视角，学者归纳出资源开发和工业带动、农业产业化带动、生态农业带动、乡村旅游带动、第三产业带动、养殖业带动、劳务经济带动和体制创新带动（张华，2008），以及政府主导、城市带动、村企互动、支部带动、能人引领、科技园区带动、主导产业带动和高效农业引领（蒋和平等，2007）等不同类型村庄；从发展主体的角度，四川省农村发展研究中心将四川村庄归纳为市（县、乡）发动型、企业和居民（外来、本地大企业、村集体经济）主导型、非政府组织引导型三类主体；从不同区域视角，有学者通过苏州经济、人口和土地等相关数据变化分析得出，苏南地区农村发展主要动因包括工业化推动、城镇化推动、产业结构省级推动及制度创新推动四方面（陈玉福等，2010）。

从影响村庄发展体系角度来看，可以归纳为村庄内核系统及外缘系统。张富刚、刘彦随（2008）提出“区域农村发展系统动力机制”的概念，认为区域农村发展水平主要取决于区域农村自我发展能力的强弱，以及区域工业化和城市化外援驱动力的大小。村庄内核系统包括了村庄自身的自然、生态、社会和经济方面；外缘系统主要指由影响和制约农村发展的诸多外部因素和条件组成的体系，并由村庄本身所处环境尺度决定。在全球尺度下，村庄外缘系统涉及全球经济一体化和国际贸易等内容；国家尺度下，涉及社会制度、经济体制和文化风俗等内容；区域尺度下，主要涉及城镇化发展阶段和发展模式等内容（图 3-1）。

村庄发展外缘系统对农村发展的影响是多元化的，但主要通过影响区域产业和城镇化的方向、进程来体现；村庄自我能力和发展诉求也会催生内生动力。村庄发展是外缘与内核两个系统相互作用、相互协调的结果。

1）城镇化外援驱动力。作为区域层面的经济发展增长极，城镇地区通过产业、技术、文化、信息的转移和辐射带动着周边村庄的发展，因此，城镇化发展是村庄发展的主要外援驱动力之一。城镇化外援驱动力的内容和大小存在明显的差异性，并且具有正负方向之分，在相同或者相近的村庄自我发展能力共同作用下，城镇化外援驱动力越大，村庄综合发展能力越强。

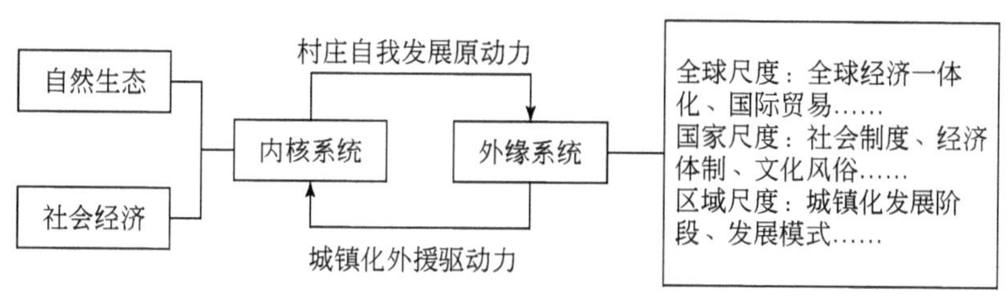

图 3-1 村庄内核系统及外缘系统

2）村庄自我发展原动力。村庄自我发展能力属于村庄内生动力，主要取决于村庄自身的资源禀赋条件、特色产业及管理者能力等方面。村庄自我发展能力不存在正负效应之分。其中，村庄固有的资源环境条件是其发展本底，技术水平及经营体制是其发展的基本保障，不同地区的村庄表现出不同的发展导向，如文化资源丰富、生态环境优美的地区适宜发展乡村旅游，以及水土资源丰富的地区适宜发展高效集约化农业等。

快速发展村庄的综合发展动力主要依托于城镇发展外援驱动力与村庄自我发展原动力的合力，使得村庄社会经济迅速发展，村庄系统处于快速上升演进的状态。

依据快速发展村庄发展动力的差异性，将其发展动因分为外援驱动主导型和村庄自我发展主导型两个一级类型：前者包括工业企业带动型、城镇近郊带动型、创意产业带动型 3 个二级类型；后者包括电商物流带动型、乡村旅游带动型、现代农业带动型 3 个二级类型。

一、工业企业带动型

工业促进村庄快速发展的机制有内外两种因素。从内部分析，基本要素短缺是工业企业带动型村庄起源的动因，村庄能人或精英的涌现是此类村庄发展的关键，模仿效应与产业集聚是村庄发展的持久动力与特殊路径。从外部分析，城镇化的延伸和工业化的相互推进，借助经济制度改革契机，放大区位优势，形成了工业企业带动的快速发展村庄（朱华友和蒋自然，2008）。

农村工业发展的根本目的是带动农村经济、社会全面发展，使农民收入有较大程度提高，因此，通过对社会环境、经济体制和产业结构等系统的作用，农村工业化对村域经济的影响已渗透到劳动力、农民收入、农业、餐饮服务业、商品流通业和基础设施等要素中。农村工业化对村域经济内部要素的影响可概括为两种效应：①“旁侧效应”，农村工业化过程中，工业快速发展并占据主导地位，农业劳动力转入工业部门，为工业快速发展提供劳动力保证。工业发展可提高农业效率和农业现代化水平，原材料和产品的运输及销售加快了商品流通业的发展和繁荣；配套的辅助性行业——餐饮服务业日渐兴盛；同时部分未转入工业部门的农业劳动力逐步进入餐饮服务业和商品流通业等第三产业，使农民人均收入有较大提高。②“回顾效应”，农民收入提高，对生活质量和生活标准有更高的要求，客观上需要加快农村社会、文化、教育和道路等基础设施的建设，良好的基础设施条件，为农业、工业、餐饮服务业和商品流通业等行业的发展提供了条件，而这些行业的发展又可进一步吸纳农村劳动力提高农民收入水平(乔家君等，2008)。

※山东省烟台龙口市东江街道南山村

南山村位于龙口市市区南部，威乌高速南侧，邻近南山旅游景区。1981 年的南山村，只有 260 户，800 口人，是一个鲜为人知的穷山村。十一届三中全会以后，南山村靠 5000 元办起了工副业，迈出了创业第一步。之后其滚动发展，陆续上了精纺、热电厂、铝业、酿酒、轻合金、旅游、电子软件和农科园等项目，形成了多产并举的繁荣局面，并先后兼并了周边 11 个村，实现了由先富到同富。如今，南山村总资产为 175 亿元，年销售收入为 126 亿元，进入中国大型企业 500 强。

资料来源：孙德奎，2004

二、城镇近郊带动型

城镇建设的带动作用主要体现在靠近城镇近郊的农村地区，城乡互动频繁，能较多地分享城镇建设成果，利用地理区位优势，依托城镇经济、政策、文化的优势，带动附近村庄发展。而在不同的经济发展阶段，城镇建设发展对村庄的影响具有推动和制约两方面效应。

一方面，城镇建设发展将农业劳动力从传统农业中剥离出来，而剥离出来的农业劳动力进入林、牧、副、渔业，其中，副业补充了村庄发展的多样性，为传统产业提供了产业支持，进而推动了村庄的产业结构调整；城镇建设对农村发展产生了显著的技术外溢效应，推动了农村经济增长方式的转变；城镇建设的带动作用同时带来农转非问题，使得村庄出现建设用地闲置情况，这种状况的出现既弥补了城镇建设用地的不足，也为城乡设施融合共享提供了契机。

另一方面，农业劳动力的流失使得农村发展面临着劳动力匮乏的窘境，导致空心村等现象。

※湖北省枣阳市环城街道王寨村

王寨村位于枣阳市城西 5 公里，316 国道两侧。受枣阳市城镇化建设带动，村庄发展变化较快。由于城郊区位和交通条件良好，村庄先后引进了三杰粮油食品集团和襄阳华新建山新材料有限公司等 7 家工业企业，村民主要收入来源由一产种植变为进城务工和在本地企业务工，全村人均纯收入由 2005 年的 3314 元迅速提高至 2013 年的 10 956 元。非农就业比例提高加速了村庄土地流转、土地价格提升，2005 年王寨村流转耕地 130 亩[①]，流转价格为 140 元/亩，2013 年耕地流转价格达到 850 元/亩，耕地流转总面积近 900 亩，占耕地总面积的近 20%，同时涌现出一批规模种养大户和农民专业合作社等新型经营主体。沿 316 国道两侧已形成长约 1 公里的城郊集市，有近 60 家各类经营户在此定居和经营，外来人口达到 200 多人，工业企业也主要聚集于该区域，有力地促进了该村经济的发展，也吸引了本村居民大量在此居住和就业。

城郊村设施环境建设通常开展较早，王寨村 2009 年实施电网改造，2010 年底开通了自来水管道，是全市第一批沼气建设受益村，全村道路基本实现了硬化，建有村级卫生室、私人诊所、图书阅览室，组建了环境整治专班，对辖区垃圾进行定期清运，并在国道两侧安装路灯、花坛，绿化植树 5000 多株，硬化田间作业道 3 公里，有效改善了村容村貌和村民人居环境。

资料来源：刘明国等，2015

三、创意产业带动型

创意产业多指广告、设计、艺术、音乐、建筑和电影等方面相关产业，由创意产业带动下的快速发展村庄，大多围绕在城市周边，地区环境优越、交通便利、租金适宜，空间建设较为灵活。

区域经济及产业转型是促成此类型村庄快速发展的必要条件。区域经济及产业转型带动了消费转型，以艺术品、奢侈品、股票期货和房地产等为投资目标的高收入阶层越来越多，对创意产品、文化产品的需求进一步带动了此类村庄的快速发展。

艺术群体的聚集对此类快速发展村庄的形成具有诱导作用。创意产业村庄的形成，大多有艺术院校和相关产业等的支持与交流互动，创意产业村庄是学院思

① 1 亩≈666.67 平方米

想的实践基地与展示空间，而学院或相关产业为村庄发展提供思想来源与专业支持。例如，北京798艺术区，紧邻中央美术学院。

适宜的租金、地价及相应的政策条件是创意产业村庄发展的实现保障。乡村生活的静谧，又与城区保持有密切的联系，十分符合创意产业的环境诉求，低廉的生活成本是大多数创意产业人士考虑的因素，也是多数艺术工作者群落形成的最基本原因。另外，政策对创意产业提供的条件，催生市场主体，对创意艺术产业聚集区的升级起到助推作用。

※广东省广州市海珠区小洲村

小洲村位于广州海珠区东南部，村内果林成片，是广东省生态示范村、广州市首批历史文化保护区。20世纪60年代，小洲村的岭南古村形态和自然生态环境吸引了关山月和黎雄才等国画家来此创作，知名度逐渐提高。2004年距离小洲村不远的小谷围岛建设广州大学城，原本在小谷围岛自由创作的青年艺术家搬至小洲村，广州美术学院、星海音乐学院入驻大学城，区域文化气氛提高，又吸引了一批艺术培训机构前往小洲村。2008～2010年小洲村连续举办三届村艺术节，扩大了村庄在文化艺术界影响力。2009年广州市授予小洲村文化创意产业基地。2010年小洲艺术区一期建成，文化创意产业达到鼎盛。艺术家和培训机构大量入驻使得古村落环境改变、房租迅速上涨，加之村庄交通区位条件和艺术展销渠道并未得到改善，自2010年之后村内文化创意产业逐年衰退。

资料来源：李延彬等，2017

四、电商物流带动型

房租低廉、快递便利、专业市场、产业基础是电商物流带动型村庄产生发展的主要原因，电商物流类别不同形成的发展模式也各有差异；熟人社会的涟漪效应和村庄自身建设对其发展、成长都有重要影响。

熟人社会的涟漪效应促成电子商务的成长。对电商而言，尤其农村电商，率先发展起来的商户便形成涟漪效应，向周边的亲友、邻居扩散，带动大家一起从事电子商务。广州淘宝村的形成和壮大与这种同乡扎堆和示范效应有关；犀牛角村成为电商村源于湖北天门人的抱团发展；里仁洞村则是潮汕淘宝客的聚居地。由于农村电商投亲靠友、扎堆聚居的习惯，某些最初只有少数淘宝商家的村庄由于示范和涟漪效应而壮大成为电商村。

村庄生产能力、仓储物流条件、是否邻近市场等因素决定了村庄不同的发展模式。以经销为主的电商村主要受专业市场和同乡带动的影响，其产生和发展具有较大的随机性。生产和销售结合的电商村基于当地产业基础而产生，经过同乡带动效应而得以壮大，其发展活力和地域根植性更强。仓储和销售结合的电商村则更多受物流快递条件的影响，村庄自身建设水平对该类电商村影响更大。除此之外，廉价的房租则是所有电商村生产发展的共性因素。

※山东省滨州市博兴县锦秋街道湾头村

山东省滨州市博兴县河道纵横、水草丰沛，草柳编作为长期流传的民间技艺，在当地普及程度很高，但一直被视为过时的手艺和不成气候的副业。2005 年博兴县湾头村开始出现草柳编家居用品电商，2012 年底全村共有 500 多户村民经营 1000 余家网店，家庭手工编织的产量和种类很快无法满足网络市场。2008 年第一家草柳编加工厂创办，2013 年底全村已有加工厂 8 家，为尽可能囊括市场上全部草柳编产品种类，每家加工厂只生产最擅长的几款产品，做到种类互补。尽管如此，湾头村网商仍然不时出现货源不足的情况，会从周边村庄收购成品。受湾头村电商辐射带动，至 2014 年初，湾头村隶属的锦秋街道范围内 30 余个村庄已有 1700 多户农民专门从事草柳编制作和销售，从业人数超过 1 万人。

资料来源：张雪，2015

五、乡村旅游带动型

乡村旅游发展带动下的快速发展型村庄，其基本特征为以自然环境、乡土文化旅游资源为依托，以农业和农村为载体，集旅游观光、娱乐、体验和知识教育等为一体，发展农村旅游。

发展乡村旅游的村庄大多依托于自身资源条件和优势，选择适合开展的旅游活动，按活动内容可总结为以民宿度假为主的村庄、以教育观光为主的村庄、以农业及农产品体验为主的村庄和以民俗文化为主的村庄等几种。

经济的快速发展使得城镇及乡村人们的消费观念和生活方式发生了变化，促成了村庄生态旅游的发展。接近自然、返璞归真成为人们追求的生活方式，与此同时，对旅游的消费需求也越来越高，农村的田园风光、自然的生产方式、质朴的民风民情成为旅游消费的标的物。城镇居民对物质文化需求向更高层次和多元化发展，价值观念、消费观念和美学观念都在发生着深刻变化，乡村旅游观光和休闲消费不仅成为外地游客的旅游活动，也逐步成为当地及周边人群生活方式的组成部分。

农村和农业功能的提升，为村庄生态旅游发展提供了基础，而旅游业的发展也为农村产业结构调整提供了契机。农业技术的发展使农业不仅具有生产功能，还具有改善生态环境质量，为人们提供观光、休闲、度假和学习等生活功能。在农业技术提升的基础上，部分村庄选择发展生态农业观光园等项目。

政策的倡导和扶持是旅游型村庄发展的持续推动力与实施保障。乡村生态旅游的发展解决了部分农村剩余劳动力的就业问题，并带动了相关产业的发展，切实增加了农民的收入，发挥了农村生态环境的经济效益和社会效益，因此，部分地区出台一系列扶持规定与政策，如成都对从事生态旅游的农户不收取管理费用，经营 1～2 年的农户不收取税费，并由政府出资举办“桃花节”和“农家旅游节”等活动推动农村生态旅游的发展，与此同时出台地方旅游管理办法和标准，以保证农村旅游业的有序发展。

※广西省贵港桂平市西山镇前进村

前进村位于桂平市西北，距离城区 2.5 公里，南侧为西山风景区。2002 年前进村被列入广西贫困村，2005 年定为广西首批“整村推进”贫困村，2006 年被定为贵港市扶贫开发与社会主义新农村建设试点村，2011 年被定为广西第一批“特色旅游名村”。自从确立了依托国家 AAAA 级西山风景区发展旅游的思路，前进村编制了建设总体规划和旅游总体规划，对村容村貌整改和各建筑外观进行了具体设计，对各项配套的公共设施、基础设施进行了设计。村道两侧、停车场周边、村委会和旅游服务中心等重要节点周围，重点进行建筑改造和环境处理，进行旅游购物和农家乐等商业条件环境的构建，根据现状民居依坡势而建、分散布局的特点，设计了多种各具特色的独立农家庭院改造方案，作为旅游接待、休闲、养生的场所。到 2014 年建设工作方案中 19 个项目全部完成，建成水上乐园、休闲山庄和绿色饭庄等农家乐式生态旅游项目，以及西山茶场、碧水园茶场和西草园铁皮石斛等特色观光农业项目，游客人数增加到一年 10 万人，农民人均纯收入由 2010 年的 5386 元增加至 2013 年的 9000 元。

资料来源：梁家春，2016

六、现代农业带动型

农业发展带动下的快速发展村庄，大多建立在村庄自然资源和原有农业基础上，在政策倡导扶持下，不断提高自身的农业技术，迎合市场需求发展现代农业、生态农业，实现了村庄的快速发展。

市场需求是农业发展的基本驱动力，引导产品结构、产业结构调整。随着人们生活水平的提高，人们对消费品的需求档次不断提升，绿色生态消费的比重越来越高，是我国生态农业发展的最基本动因。

政府部门起到农业发展的引导作用，通过政策引导和资金投入等，鼓励企业、农户参与农业建设，并在农户开展农业活动过程中给予必要的支持。

科研是农村发展农业的技术支持关键环节。科研部门一方面在政府和市场的引导下，对生态农业发展中所需的各种技术开展系统的研究，形成各种可以在农业生产中直接应用的技术成果；另一方面，通过合同方式，向企业提供有偿技术服务。

企业在农村发展农业过程中起到组织和推动生产的作用，其在市场、政策的引导下，结合农户和科研部门进行具体生产，一方面，可以实现农户有序生产管理，另一方面，可以解决农村劳动力问题。

※山东省寿光市孙家集街道三元朱村

1989 年，三元朱村引进并改良冬暖式蔬菜大棚种植技术，结束了中国北方冬季除白菜萝卜之外没有新鲜蔬菜可吃的历史，被誉为“蔬菜史上的革命”，此后，在政策引导和技术支持的基础上，企业和农户不断发展生态农业、科技农业，村民生活水平得到了大幅提升，同时进行全面规划和改造，建成功能齐全、环境优美的现代化村庄。

资料来源：范振宇，2010

第二节　快速发展村庄的特征

一、快速发展村庄的发展模式

依据村庄发展组织主体，可以分为政府主导模式、政府与企业合作主导模式、企业与农民合作主导模式、村庄能人带动模式、村集体经济模式和外力转化模式 6 种主要模式。

（一）政府主导模式

由政府投资开发或国家控股的共有模式，所有权、经营管理权归政府或国家所有，一切均由政府解决，政府相关职能部门管理，所在地农民基本不参与或参与较少的一种模式。此类模式主要用于城市群范围内的景区、公园、古镇、农场，或是常见于村庄产业发展初期，是城镇近郊带动型村庄发展的一种典型模式。由于投入资本巨大，规划开发周期较长，对人才支持和设备配备的要求很高，需要全面系统的管理方式，单个的村民和企业无力开发，且采用这种模式时土地权属大多转为国有资源，属于国家，往往由政府投资建设，政府承担盈亏。该种模式的作用不在于产业项目自身的最大限度盈利，而在于对区域城乡整体发展的作用，更加注重当地社会环境、旅游、居民的回馈，不管是景区、植物园还是动物园等，其存在实质上是为了改善环境，推动旅游业及农业现代化，作为建设当地的一种重要手段，实现当地乡村社会经济环境设施等方面的综合提升。

政府主导发展的村庄，受短时期的政策、资金影响较大，通常会随着地方政策的改变而在短时期内掀起针对某一方面内容的建设热潮，但是政府行为的引导通常并不能具有非常好的针对性，缺乏系统性、连贯性、覆盖性容易造成建设的偏科与资金的不可持续。

（二）政府与企业合作主导模式

为了解决农户小规模经营与市场经济条件下大市场运作之间的矛盾，产生了政府与企业合作主导的模式，随着国家土地流转政策和对村庄发展的高度重视，这种模式运用比较广泛。这一模式能够把现代市场经济条件下的国家调节市场、市场引导企业的经济运作机制，具体化为政府通过市场调节公司。可以是个人独资，也可以是股份制合作，投资主体基本上为当地农户、外来的企业老板或者国外资金。

以乡村旅游和现代农业带动型村庄为例，一般企业与周边乡村社区居民没有直接利益关系，企业开发的乡村多为农业主题，主要包括种植业和养殖业及相关农副产品加工和出售、相关旅游服务等内容，生产的农产品除了供应餐饮材料以外，基本出售给游客，把生产、加工、销售有机结合起来。同时还配备较为丰富的休闲娱乐项目和设施。其通过承包当地土地、栽种果蔬和兴建农业观光园等方法，构建村庄较为完整的产业链，使之能完成产品生产、加工、旅游接待及服务工作，吸纳附近闲散劳动力，最终发展壮大，形成以点带面的发展模式，产权属于企业主所有。

（三）企业与农民合作主导模式

该模式同样为了应对农户小规模经营与市场经济条件下的大市场运作之间的矛盾，旨在提高农产品的销售，为当地农民争取更大的利益。在乡村开发中，公司直接与农户进行合作，签订合作协议，明确各自的责任、权利和义务。公司负责开拓客源市场，进行经营管理，农户负责提供特色的乡村商品产品或提供服务，在服务方面按照公司的标准，接受公司的培训，并且服务设施要符合公司的标准。开发所需资本，可以通过协商按照一定的出资比例，由公司和农户共同承担；也可以采取入股的形式，以村民的房屋等个人财产作价入股，按股分红。其特点是由公司主导，公司负责开发、经营与管理，农户参与，公司直接与农户联系、合作。该模式能够短时间整合村民分散的生产能力，获得良好的发展速度；但从长远来看，公司处于主体地位，掌握着市场信息和销售渠道等上游资源，农户仍然是传统的被动生产者角色，在市场分工中从事的工种比较单一，对公司依赖性很强，假如公司关闭或离开本地，对农户生产生活冲击巨大。

企业主导发展的村庄，通常会将村庄用地征收进行整体开发，在此种开发模式下，村庄设施、环境和产业等内容可以得到较好且较为全面的整体建设和改善，但同时存在建设面貌失去乡土特色、建筑样式千篇一律和开发功能脱离实际等潜在问题。

（四）村庄能人引导模式

村庄能人的创业活动是村庄经济发展的关键，能人通常情况下指农村新技术、新品种的最先尝试者和传授者，新生活方式的示范者，在村里开展多种经营并对外销售产品，是农村就业机会的创造者。从影响力来讲，通常比一般社员拥有更多优势资源和更强的个人能力。

村庄能人经营行为具有较强的示范效应。尽管新时期我国农户已不再是传统的小生产者，但是仍然难以摆脱小生产者的习惯和心理，大多数普通农户的经济能力和承担市场风险的心理较弱，有眼见为实的成功经验之前，讨教和效仿通常是他们的学习机制，由于农户搜集信息的局限性，与其具有地缘或血缘临近关系的人往往成为可靠的信息来源，也是最直接的模仿对象。因此，在一定村域范围内，一些农户因从事某种生产经营获得较大利润时，对其他农户具有较大的影响和引导带动能力。

一方面，村庄能人成立村庄发展组织，把外部信息及时反馈给内部成员，进一步建立农户之间的互助信用，成为村庄农户与外部市场的联络桥梁；另一方面，他们可以凭借管理者的身份直接参与其他合作组织的交流活动，参加政府或协会的实用技术培训，通过扩大与外部的信息接触范围，提升其在引进生产技术、增强环境保护观念和提高产品品质等多方面的主动意识，提升其农户组织的外部影响能力。

在村庄能人组织的发展和提升过程中，通过能人的带动及农户集体学习的相互结合，可弥补农户自身发展中存在的不足与缺陷，提高相应的区域竞争力，为农民带来实际的经济效益。

例如吉林省东辽县安石镇朝阳村，该村为典型的村庄能人带领全村致富，进行产业建设的案例。

※吉林省东辽县安石镇朝阳村

朝阳村位于东辽县安石镇北部，金洲鹭鹭湖生态旅游度假区下游，是少数民族村，总面积为6.4平方公里，下辖7个自然组，502户，总户籍人口为2156人，全村主要以稻田立体综合种养和畜牧业乌鸡养殖为特色产业，工业主要以生产各类棉袜为主。2016年农民人均收入达到30 096元，村集体资产2000万元。

回村能人办厂。朝阳村是少数民族村，全村近 40%村民为朝鲜族，朝鲜族村民到韩国打工几年后回村里创业、投资建厂，吸引本市的大企业家投入资金参与。2010～2016年全村通过招商引资，注入资金6000余万元，投资工业项目5000余万元，投入民族特色村寨村史馆建设500余万元，投入地下管网 500 余万元。共建成了年生产棉袜9800余万双的袜厂，安排剩余劳力400余人，还建成了2200平方米的民族特色村史馆，村里各项建设为今后的旅游业发展奠定了良好的基础。

有机农业引领致富。2009年以来，朝阳村结合美丽乡村建设，促进产业发展，共打造了3000余亩有机大米基地，采取稻田立体种养模式（稻田里养龙虾、螃蟹），同时培育壮大了乌鸡养殖业等，极大地增加了农民收入。现在朝阳村的农产品都一并使用“鹭鹭”牌商标，例如“鹭鹭”龙虾米、“鹭鹭”蟹稻米、“鹭鹭”乌鸡蛋、“鹭鹭”笨榨豆油、“鹭鹭”杂粮和“鹭鹭”棉袜等，均已销售到国内外，发展前景看好（图3-2）。

图 3-2　朝阳村村庄特色产业

资料来源：专题记者，2010-09-20

（五）村集体经济带动模式

以行政村为基本单位的村集体经济属于公有制经济，是集体经济的一个组成部分。生产资料由全村居民所有，村集体对所属的生产资料和产品有占有权、使用权、支配权和经营管理权，村集体经济肩负着生产服务、管理协调和资产积累等职能。发展村集体经济的典型模式包括发展企业、资源开发和经营管理等模式。以黑龙江省庆安县部分村集体经济发展为例进行说明。

※黑龙江省庆安县庆胜村、兴山村、光华村

（1）发展企业模式

庆胜村位于庆安县城北 3 公里处，以水稻生产为主。实行家庭联产承包责任制之初，由于对集体财产、物资变价处理不当，集体经济蒙受损失。村集体经济弱化，一些公益事业因无资金而无法开展，无法救济贫困户，无法进行基础设施建设，双层经营体制似乎成了以家庭经济为主的“单一体制”。经过深入分析，该村抓住绿色食品水稻面积大、产品质量高、市场前景好的有利契机，在积极组织广大农民建基地、上规模、提档次的同时，把发展精深加业作为壮大集体经济的突破口，确立了以工兴村、以工富民的战略。1993 年，自筹资金 30 万元，创办了庆胜水稻制品公司，当年赢利 12.8 万元。1994 年，该村把企业利润全部用于扩大再生产，更新了色选机和包装机等生产设备，按照消费者需求，改进了包装技术，变百斤袋装为 10 公斤真空袋装。同年，该厂生产的“庆泉”牌大米获得了绿色食品标志使用权，销售渠道进一步拓宽，市场占有率不断增加，产品也走出了县门，步入了北京、上海、南京和深圳等国内主要粮油市场，打入俄罗斯和韩国等国际市场。从 1996 年开始，企业按照产业化生产的模式，全部实行了订单生产。每年春种前，公司以高于市场价格与种稻户签订产销合同，农户则按企业要求的品种和种植技术进行生产，公司以保护价收购。双方形成了利益均沾、风险共担的利益共同体，带动农户增收。产业化的生产，使各项新技术、新品种、新肥料得到了普遍应用，企业有了稳固的原料来源。通过兴办企业，村集体经济积累，人均纯收入大幅增加。集体经济的壮大，提高了村级组织的服务功能。每年村集体为农户代购农肥、农药和农膜等生产资料，全村中小学生全部实现了免费教育，各项公益事业有了长足的发展。

（2）资源开发模式

兴山村位于庆安县的最北端，临近山区，土地资源丰富。以前，由于村集体资源管理混乱，村集体积累不增反降。由于村集体经济滑坡，农民负担加重，干部说话无人听、办事无人信，形成了集体经济弱化、服务功能退化、农民收入减少的不良循环。为了走出这一发展怪圈，该村从发展集体经济入手，在三个方面大做文章：

1）做耕地的文章。针对全村机动田管理混乱的实际，村委会按照公平、公正、公开的原则，向全体村民采取了竞价发包的办法，有效地解决了以地谋私的问题。针对少数农户多种地、种好地的问题，由村民选出代表，对多占耕地进行实地清查，将清理出的耕地竞价发包。

2）做荒山的文章。该村地势高低不平，丘陵起伏。过去由于毁林开荒，生态环境恶化、水土流失严重。为了解决这一问题，该村动员广大群众，大搞植树造林，使林业由过去的附属地位上升到产业经济的高度，由过去只注重经济效益上升到经济效益与生态效益并重的高度。几年来，全村利用荒山、屯边、路边、沟壑造林，建起了一个“绿色银行”，林业成为富村的一个重要产业。

3）做开发的文章。该村水资源丰富，在旱作农业效益逐年减少的情况下，做水的文章，实行旱改水，发展水稻产业，设立农业综合开发区。

通过上述三项工作，村集体积累增长了近10倍。全村人均纯收入同承包初期相比增长了11.5倍。过去雨天不通车、冬天雪阻路的闭塞村屯，变成了交通顺畅、环境优美的农业新村，村民的生产生活条件得到了极大的改善。

（3）经营管理模式

光华村不邻城不靠路，又无资源优势，是纯内陆村。在发展壮大村集体经济上，该村主要做法是：

1）抓服务实体建设，积少成多攒钱。围绕农民需要的种、肥、药、油和膜等农用生产资料，该村采取送货上门、假货包退、损失包赔的办法，对村民实行微利有偿服务，特别是在一些新肥料、新品种的推广上，他们不但保证质量，而且实行无偿的技术指导，这种服务形式很快受到农民的欢迎，目前，其服务范围已扩展到周边十几个村屯。

2）精打细算支出，点滴节省花钱。该村在财务管理上精打细算，可花可不花的钱坚决不花、可用可不用的工坚决不用，只要自己能干的事，决不花钱雇人。村上的办公用电都要定出指标，超出部分的费用由村干部均摊。

3）严格管理制度，合力监督管理。为了合力监督管好钱，第一，建立了财务监督制度，成立了由七人组成的民主理财小组，每个季度都要对村上的各类收支单据进行严格审查，对不合理的开支坚决予以取缔，并把审查结果以村务公开的形式公布于众。第二，建立了现金管理制度。实行专人管理，大额开支必须经村民议事会集体研究，一支笔批钱，达到了账账相符、账物相符、账表相符，事事求真，长期坚持。由于堵死了方方面面的财务管理上的漏洞，村经济越来越雄厚。通过节支增收，光华村集体经济由承包初期增长了 9.4 倍。群众的畜禽防疫费、气象服务费、防雹费都由村承担，不再向农户另行摊派。对本村考上大学的学生进行奖励，“五保户”每年定额补贴。

需要注意的是，村集体和能人带动发展的村庄，具有更多的自主性，此类村庄通常具有突出的产业带动，但是在经济发展的同时，有时会忽视村庄环境的改善，同时村庄个体产业的存在易引起村庄私搭乱建和占地纠纷等矛盾出现。

（六）外力转化模式

有一些城市周边村庄，其距离大城市较近，交通便捷，自然环境较好，村落风貌也较为原始；或者一些传统村落由于经济衰落、劳动力外流而逐步蜕变为“空心村”，村落面貌破败，原住民很少，但自然环境良好，原始传统风貌尚存，虽已凋敝的民居仍保留着传统韵味。这些村落现在常常被一些艺术家、建筑师或投资商看中，由外界租赁（或收购）后投资，彻底整治、重新打造成休闲度假村或文化创意园地，返聘部分原住民从业作为服务人员。通过整治、打造，风貌恢复了传统，环境得到了提升，把已经或濒临死去的村落复活；但功能已变，主人已变，已不是自然的传统村落。这种外力转化型的村落在广东、浙江和江苏等发达地区较多。近年来社会资本进入乡村建设，多选择此模式，短时间内的确带来村庄快速发展，但要避免整治翻新对村庄传统风貌和原住民社会关系的破坏。

由于此类村庄的形成多是由于某类人群的个性行为集聚，由于城市人口的青睐和入驻促进了村庄的发展，此种类型村庄通常具有个性显著的村落建筑和小型空间，但与此同时，由于村庄建设多出于个体行为，建设改造也仅局限在各农房或院落内部，而由于缺乏整体的建设引导与管理，村庄设施的缺失及公共空间环境提升通常处于缺位状态。

二、快速发展村庄的一般性特征

（一）村庄产业发展，村集体有一定经济来源

全村有至少一个核心产业。快速发展村庄往往都具备 1～2 个特色的核心产业，且产业发展成为乡村经济发展的主要动力，乡村旅游业、乡村电子商务、生态农业、农产品加工业和手工制作业等都是目前较为常见的产业类型。

产业结构有优化调节能力。产业结构不断调整优化，即农业从简单再生产时代的单一种植业结构，逐步进化调整为大农业结构，再继续上升到多元化产业结构，这种产业结构由单一到多元、逐步细化的过程，将使产业结构愈来愈合理，生态循环越来越平衡，经济效益越来越提高，是一个产业不断升级进化的过程。以山西省大同市南郊区杨家窑村为例，该村早期由煤矿主导，后期逐渐发展循环经济和乡村旅游，实现了村庄产业转型与结构优化。

与村庄传统产业融合发展。受城市、社会及生态环境的影响，农村已经逐渐发展成为一个空间载体，传统的第一产业也逐渐与第二、第三产业相融合，通过产业间的相互渗透、交叉重组、前后联动、要素聚集、机制完善和跨界配置，交叉融合成新技术、新业态、新商业模式，使综合效益高于每个独立的产业之和。

※山西省大同市南郊区杨家窑村

杨家窑村是山西省有名的工矿一体村，村两委班子紧紧抓住同塔山工业园区建设的良好机遇，与煤矿互利共赢，发展低碳、环保、绿色循环经济，采取独资、合资和入股等形式，先后建起多家村办企业，实现了支部领办、人人入股、集体增收、村民致富。

村庄以现代农业为发展方向，打造蝴蝶兰、木瓜种植基地，大接杏、蝴蝶兰、木瓜、无公害蔬菜和红颜草莓等特色农产品，吸引了许多游客前来观光、采摘；建立起全省最大的现代化奶牛养殖园区，依托养殖园区又成立了牧同乳业有限公司（图 3-3），现已成为覆盖大同市及周边地区的牛奶品牌；先后建立了 6 个村办企业，实现了村庄产业的多元化发展。“十三五”期间，杨家窑村计划依托发展高科技产业项目，发展循环经济。利用生物基因克隆技术，提升兰花产业整体实力。建设生态绿化工程，绿化荒山 4500 亩，发展生态旅游业，村民持续增收、集体经济壮大。

图 3-3 杨家窑村种养殖基地

资料来源：徐墨岩和冀伦文，2017；郭占军，2015-01-23

（二）交通条件普遍良好，改善环境意愿较强

道路交通设施较好，某些方面基础设施相对完善。相对于一般的村庄而言，快速发展村庄在村庄的基础设施建设与村庄环境整治方面做得比较好。便利的交通条件作为村庄发展的必要条件，快速发展村庄的乡村道路的建设质量普遍较好，多数已经达到通达、通畅、硬化的水平。某些方面的基础设施建设较为突出，如旅游型村庄基于旅游产业对服务功能和环境质量有较高要求，其旅游服务设施、环境卫生设施会更加齐全，而电商物流型村庄，其网络通信设施、道路交通设施则会相对发达。

多数村庄已开展了环境改善工作。发展较快的村庄大多会借助资金与政策支持，逐步改善村庄的设施与环境，如通过美丽乡村的建设评选、国家支农惠农政策和一事一议工程等。快速发展村庄在环境整治与维护方面做得相对较好，以亮化、美化、洁化为主题的综合整治项目较为常见，并能够出台村庄政策，调动村民进行维护，形成村庄环境的良性循环。以河南省开封市兰考县许河乡董西村为例，该村是区域内在基础设施建设方面做得较好的村庄，对村庄环境的改善具有很大的借鉴意义。

※河南省开封市兰考县许河乡董西村

董西村搞好村庄改造，实施村容村貌美化亮化工程。以户户通为目标，多方筹措资金，修建村内外道路 52 700 平方米，达到了道路进出畅通，村内主次干道路硬化率 100%。2011 年以来，新农村建设拆除 48 户，新建 112 户并全部入住，2014 年建标准化幼儿园 1 座。村庄改造与环境整治同步推进，主要围绕搞好“三清”（清洁村庄、清洁路面、清洁家园）、清除“三乱”（乱搭乱建、乱堆乱放、乱涂乱画）、实施“二改”（改厕、改水）全方位展开。

搞好生活垃圾集中收集处理，保障农村人民群众基本生活。针对原来部分村民卫生意识不强的实际情况，村庄制定了“村规民约”作为思想道德行为约束。扎实开展环境卫生清洁工程，还建立了由 3 人参加的村级卫生保洁队。保洁人员按照村人口的 3‰进行配备，每月清扫、运行良好。村庄实行垃圾分类，设置了垃圾分类箱，废品收购规范整洁；垃圾及时清运，村庄达到“三无一规范一眼净”，垃圾收集处理率达到 100%（图 3-4）。

图 3-4　董西村卫生整治设施

搞好生活污水处理，实施水环境治理工程。早在 2006 年全村实施了自来水工程的建设，目前全村 155 户村民家中全部通上了自来水，管网健全，入户率已达到 100%。地表水环境质量达到Ⅲ类水质。全村取缔了露天粪坑，使农村的粪便管理规范化，大大改善了村民生活环境。2015 年新建污水处理厂 1 座并修建了雨污水道等配套管网设施，日处理污水能力 300 吨，村内雨、污水排放通畅。村内居民活动场所新建文化广场 2200 平方米，安装健身器材 13 件和照明灯等设施。配备了水冲式公共卫生厕所且达到标准，新建居民小区内家家用上了水冲式卫生间，户用卫生厕所普及率达到了 90%以上。

搞好河道保洁和清淤，打造生态水系。对村庄内占地 8000 平方米的废旧坑塘进行治理，对坑塘的景观进行了美化，栽植绿化树 70 多棵，安装太阳能照明灯 20 盏，养花种草 800 平方米，购置健身器材 6 套，摆放石桌 4 个、石凳 20 个。2015 年硬化河道 9925 米，安装变压器 15 台，架设高压线路 16 000 米，铺设地理管 66 000 米，购置抽水泵 186 台，引入黄河水，满足农民生产需要，沟、河、坑、塘相连相通，能够形成生态水系。同时村内组建了由 4 人参加的河道保洁队，建立和健全了河道保洁长效管理机制。

董西村通过实施道路硬化、路灯亮化、村庄绿化、河塘洁化、环境美化“五化”工程，实现了村庄环境的进一步提升，达到了村庄整体形象与村民满意度的整体提升（图 3-5）。

图 3-5 董西村道路整治成果

资料来源：河南省住房和城乡建设厅，2017

（三）闲置房屋盘活，部分村庄推行土地整理

村内公共和私人的闲置房屋被利用。与其他村庄相比，快速发展村庄的农房空置率更低。在相对活跃的产业带动下，租金低廉的农房和小学等闲置的公共建筑，均被视为生产投入要素的一种，用作生产车间、库房、外来务工人员居所和旅游接待设施等。例如，广东省广州市里仁洞村 2014 年 9 月统计，自从发展电子商务，60%～80%的本村居民有房产出租，全村共有出租房屋 3000 余栋、住宅 20 000 余套，空置率仅有 10%～15%（张雪，2015）。

进行了多种土地整理尝试。在发展较快速的村庄中，相当一部分村庄开展了土地整理、集中建设，改造分散的自然村，推进农村宅基地的集约利用，集中农村建设用地发展产业项目，实现在耕地数量不减少的情况下的经济发展。例如，河南开展的“三项整治工程”、江苏开展的“农民集中居住”、四川开展的“金土地”工程和天津开展的“农村宅基地换房”等，都属于这方面的探索。以安徽省亳州市利辛县永兴镇诸王村为例，该村是对村庄进行用地整理，集约用地、整合资源发展村庄集体经济的典型案例。

※安徽省亳州市利辛县永兴镇诸王村

诸王村进行了人地关系的动态化调整。在村两委干部、村民小组长及各自然村的“土地调整五老志愿工作组”成员带领下，挨家挨户进行入户调查，做村民的思想工作，签订土地调整协议书。确定每户村民的土地规模，并对各户土地的位置进行了调换，在行政村范围内，按照户均 0.5 亩的标准邻庄滚动，向中心村集中。新调整出的集中使用的土地，除去农户在集中居住区建房占用的土地外，其余集中的土地和公共用地余下部分，由村委会统一经营管理，村委会按每亩每年 800 元标准付给农户土地经营流转费用。其中，土地经营流转费用可转移支付农户的一事一议、新农合筹资、新农保筹资和农业保险筹资等款项，年终和农户结算。这一工作实现了村庄土地的集约利用，使农户土地数量收益固定化和土地位置经营活化相结合，保障了村民的利益与收益。

诸王村结合土地修编，选择适中位置，规划建设了一个占地500亩、规模1200户的农民集中居住小区，拟将原有19个自然庄拆除撤并17个，功能化改造2个。为提高小区的城镇化水平，诸王村采取“农民自愿集资一部分，财政投入一部分，整合项目资金一部分”的办法，逐步解决了小区路通、水通、电通、信息通的“四通”问题。上马建设了社区服务中心、社区商贸中心、社区幼儿园和社区污水处理厂等一系列公共服务项目。完成了长郢闸口景观园建设、社区中心文化广场和老年中心公园建设等一系列公共文化设施建设（图3-6）。

图3-6　诸王村村庄社区整治成果

资料来源：安徽省住房和城乡建设厅，2017

（四）重大建设有规划依据，村委会执行力强

村庄重大建设有规划依据，规划实施相对较好。快速发展村庄大多会按照村庄规划进行建设和管理，所取得的成效也比较突出，村民满意程度较高。近些年常见的村庄规划有新农村建设规划、美丽乡村建设规划、历史文化保护名村建设规划和乡村发展建设规划等。村庄规划规范了村民住房选址和用地，新增建设的村民房屋用地基本符合规划要求，特别是在一些示范村、安置村项目的建设过程中严格按照村庄规划的要求进行了选址和建设；规范了村民住房户型，在村庄规划中对不同的村庄给予了不同的参考户型，对村民建房起到了一定的指导作用。村庄规划的一些内容转成为村规民约，对村庄建设活动起到了规范作用。河北省承德市平泉市党坝镇永安村在村庄规划的落实方面做得较好，以此为例说明规划的实施管理效果。

※河北省承德市平泉市党坝镇永安村

河北省承德市平泉市党坝镇永安村通过高标准规划设计、高质量规范建设，改善农村人居环境取得了良好成果，2014 年被河北省民族宗教事务厅确定为“环京津少数民族特色村寨”，2015 年列为农村面貌改造提升重点村。2015 年底被评为河北省美丽乡村，2017 年 3 月被国家民族事务委员会命名为中国少数民族特色村寨。

高标准规划设计。依托小黄山、瀑河水道丰富的自然资源和“张家大院”深厚的历史文化资源，秉承“挖掘满乡特色、打造山水小镇”的理念，确立“一轴五园”的建设思路，即以瀑河水道为中心轴，构建滨河生态休闲园、瀑河水上游乐园、满族民俗展示园、山地观光采摘园和小黄山自然景观园，打造自然和谐、满乡特色突出的魅力乡村。

高质量规范建设。主要进行了生态人居工程建设，包括旧房修缮、危房改造；沿路绿化，打造景观带，提高生态环境效益和景观效果。实现了“户户通”，主干道两侧路肩设路缘石，铺设水泥彩砖 6300 多平方米。实现了村内街巷硬化。有效利用电力资源，街巷安装路灯，改善饮水质量，提高用水保障。推行生态环境工程，整治生活垃圾、生活污水和河道清理等。

资料来源：河北省住房和城乡建设厅，2017

村委会在乡村治理中执行能力强。我国乡村的组织与管理工作主要依靠村民委员会进行自治，村民委员会为中国乡（镇）所辖的行政村的村民选举产生的群众性自治组织，村民委员会是村民自我管理、自我教育、自我服务的基层群众性自治组织。在村庄实际的管理中，村民委员会是村庄规划、管理、环境整治、产业建设的管理主体，代表广大村民的意见进行村庄自治。村委会的管理与执行能力，往往对村庄的快速发展具有较大推动作用。以贵州省黔南布依族苗族自治州贵定县盘江镇音寨村为例，该村是村领导班子狠抓乡村建设管理，带领村庄环境改善、村民致富的典型案例。

※贵州省黔南布依族苗族自治州贵定县盘江镇音寨村

音寨村搭建村领导班子，全面形成“三个机制”。一是责任机制。建立镇、村、组、户四级联动机制，主要领导包片、分管领导包村、一般干部包组、村干部包户。二是长效机制。通过氛围营造、广泛宣传、墙体标语和入户宣讲等各种形式，全面提升“三个意识”（环保意识、自觉意识、主动意识），认清清理垃圾、打击违建、提升绿化对农村环境改善的重要作用，引导群众养成良好的生活习惯，主动、自愿、自觉地加入农村环境综合整治行动。三是问责机制。加强督导，严格考核，强效问责作为保障。成立农村环境卫生整治攻坚活动领导小组，明确分管领导及干部、村“两委”包干责任制，构建分级运作、落实责任的管理模式，不定期对村庄进行督导检查。对整治不到位的相关责任人给予通报批评，并责令限期整改，确保农村人居环境持久改善与保持。

资料来源：贵州省住房和城乡建设厅，2017

（五）积极争取政策支持，善于吸引整合资金

现阶段村庄建设资金的来源主要分为政府政策资金、金融信贷资金、社会资金、集体资金及村民资金五个来源。快速发展村庄的产业发展情况、村庄基础设施建设及村庄的人居环境相对较好，离不开村庄建设资金的支持。在国家政策资金有限的情况下，快速发展村庄普遍能够积极获取国家、部门和上级政府政策支持，将财政奖补资金适度集中使用，同时构建以财政奖补资金为引导，吸引银行贷款、社会资本和企业投入共同建设的多元化投资和运营机制。以福建省晋江市深沪镇运伙村为例，该村是利用社会资金进行村庄建设的典型案例。

※福建省晋江市深沪镇运伙村

运伙村村庄建设资金主要以国家农村建设资金为主，除此之外，还有集体资金及村民自己的帮扶。运伙村的主要产业为农作物种植和深加工、旅游休闲及纺织品加工，以及村级物业管理公司，皆实现盈利。村级企业的财政支持为乡村建设注入了活力。

与此同时，运伙村借助侨胞返乡投资建设，对村庄的发展起到了推动作用。运伙村2013年成立了晋江市首个村级侨联会，旅外侨胞主动介入村庄建设，当仁不让地踊跃捐款。近年来旅外侨胞共投资1500多万元用于家乡基础设施建设，运伙村现有的三个村级公园，即友尚公园、贤鉴公园和许柴佬纪念园全部由华侨捐资兴建。旅外侨胞返乡投资大力推动了运伙村经济社会的发展，成为村庄建设的又一股中坚力量（图3-7）。

图3-7　运伙村华侨联合会活动

资料来源：福建省住房和城乡建设厅，2017

三、各类发展动因的典型村庄特征

（一）工业企业带动型村

乡村工业发展推动了乡村工业化和城镇化，改变了乡村聚落景观，最为典型的是“苏南模式”。改革开放以来，江苏省苏南地区的乡村工业发展迅速，20 世纪 90 年代初苏南地区的乡村工业在整个乡村经济中占据“半壁江山”。

以苏南地区中心的常熟市乡村工业为例，20 世纪 80 年代利用上海制造业转移的契机，乡村工业取得蓬勃发展，在经历了早期工业增量形成、股份制创新与内外资多元驱动的工业增量扩张后，至今处在土地资源不足和环境保护约束下的后期工业存量挖潜阶段。

1. 发展特征

（1）工业企业在村组（社队）广泛分布

常熟全市共有 208 个行政村，乡村工业用地在 184 个行政村均有分布，829 个组（社队）拥有乡村工业，每个组（社队）拥有 1～2 个乡村工业企业，表现出乡村工业“村村点火”的“大分散”特征。

（2）工业企业与居民点适度分离，多选址在水陆交通要道

多数乡村工业企业为了节约生产运输成本，选址于国道、省道和水运（航道）、高速公路出入口附近。在 300 米范围内，乡村工业用地规模与距水陆交通距离负相关显著。结合交通出行调查，90%左右的村庄居民点在工业企业 10 分钟电动车（助力车）距离、30 分钟步行距离（李红波等，2018）。

（3）工业企业吸引了外来人口，在村庄居民点租房居住

乡村工业企业吸引了非本村人口前来就业，居住方式以租赁为主，主要分布在村庄内。

2. 发展需求

（1）分散布局特征短期内难以改变

土地的集约利用及乡村工业用地的整治和集中布局大势所趋，但受制于现状各村集体经济强大、镇村既得利益的关系，短期内农村劳动力难以进入较高层次的产业，职业转移迟缓，村民受到长期形成的生活圈和工作圈的限制，职住分离的问题仍将在较长一段时间内存在，工业和居民点分散局面的解决过程漫长。

（2）部分乡村工业用地存在空置，亟待盘活再利用

2015 年苏南地区土地开发强度已高达 28.38%，逼近宜居城市生态临界线，已

无增长空间，未来只能通过盘活存量乡村工业用地来满足新增工业用地的需求。

（3）交通条件改善带来职住范围的重新划分

伴随交通出行方式和通勤条件的进一步改善，村民所能承受的工作空间和生活空间距离在不断拉大，一些乡村工业企业的就业半径变大，有可能拓展员工规模，向更高级别的企业升级。同时，村民也面临着更大范围的就业选择，邻近城市和园区的村庄村民可能选择离开乡村工业企业而去城市和园区就业。

（二）城镇近郊带动型村

城镇建设带动下的快速发展村庄，其基本特征是农民向城镇加速聚集，形成新型的城乡产业结构和城镇体系。以河北省邢台市李村镇西由留村为例，村庄距离邢台市中心南约 5 公里，村庄北侧紧邻季节性河流七里河。村庄已有 600 余年的历史。

1. 发展特征

（1）村庄人口向城镇流失，原有社会关系松散

长期以来村民主要种植小麦和玉米等传统作物，每亩地收入仅有五六百元，农业成了绝大多数村民的副业，而他们更多的精力是到市区、周边厂矿打工谋生。村庄户籍人口为 2346 人，实际居住人口为 1900 人，近 100 户闲置。很多有文化、技术的年轻人甚至完全脱离了土地，导致村庄部分农田闲置。

自从进城务工成为许多村民的首要选择，大家普遍过着“日出离家，日落归巢”的生活，相互间的交集在逐渐消失。尤其近年来，村庄里年轻人工作已经完全脱离了村庄，相互间出现了“同是本村人，相互不认知”的局面。

（2）传统文化和社会约束淡漠，建设无序、公共空间无人维护

西由留村的村庄标识是位于村庄东南侧村口处的“村名碑”，21 世纪初，随着邢台市房地产业的兴起，村名碑的位置消失。村内家庙也逐渐无人问津，直至破损和被遗忘。

自家庭联产承包责任制实施至 20 世纪 90 年代中期，西由留村一直延续着生产队制度，村民间不仅需要遵守村规民约，同时还接受生产队管理，甚至还有宗亲礼法的约束。这在很大程度上使邻里共享的街巷环境空间得到了维系，路洁墙净，一片祥和。此后外出打工人数比例不断提高，各家各户间潜移默化地撇开了曾经墨守的村规民约、宗亲礼法。街巷被翻盖或新建的民宅恣意侵占，公共空间环境也被恣意妄为地破坏，垃圾满街道，污水任意流。

（3）农房建设相互攀比，建筑式样效仿城市、丧失特色

西由留村的民宅多为四合院式，屋顶全部为平顶。村庄现有的民宅多在 1990

年后翻建，少数是 1960～1990 年兴建的。1990 年前的民宅特点为清水砖墙和砖木结构，主房高度约为 3.3 米，配房高度约为 3 米，门窗尺寸一般较小，多为 1.2 米（高）×1.5 米（宽），院落内种植高大落叶乔木（如泡桐和椿树等），将整座院落遮罩，营建出冬暖夏凉的生活空间。整个民宅的精神展示点在大门的位置，门宽约为 1.5 米，门高约为 2 米；面匾题词多为寓意美好或者体现家风的文辞，如龙凤呈祥、花开富贵和勤俭持家等；而门两侧的浮雕借花草鸟兽的图腾传递村民对生命之源的呼唤和对幸福生活的展望。

1990 年后的民宅建设更多的是对城市住宅的效仿，村庄空间建设弥漫着攀比的心态，追求房屋高度和大窗户、水泥院落及砖混结构等。生活的舒适性完全建立在依赖电力（空调）、能源（煤炭）之上。住宅不再体现节能，院落空间不再充满生态。同时民宅再也无法承载地域文化的特征，曾经的大门雕饰、家风牌匾已经不复存在。长此下去，村庄遗失的不仅仅是祖辈传送下来的文化财富，而且还会加剧能源的消耗和环境的破坏（焦振东和刘珊珊，2017）。

2. 发展需求

（1）积极主动与城镇建设对接，吸引城镇资本和消费转移

2004 年以来，邢台市启动了七里河综合治理工程，历经 10 余年，投资 30 亿元，建成了集生态和景观于一体的滨水生态长廊，带动两岸商业、地产、休闲娱乐的开发建设。位于七里河南岸的西由留村，却依旧固守着自我的保护边界，未能采取有效的措施与城市发展积极对接。新型城镇化和城乡融合的背景下，近郊村有着更大的发展机遇。对人均耕地少，达不到土地规模化经营的西由留村来说，应顺城镇化之势而为，打破现有边界窘局，向北积极与七里河新区及中心城区融合，吸纳村庄有农业技术的年长村民投入农业生产，吸引村庄有服务行业经验的年轻人投身休闲农业，大力发展现代农业与乡村旅游业。

（2）从公共空间整治恢复入手，引领乡村建筑景观美学回归

规划建设应挖掘村庄公共空间传统内涵与现代使用价值，加强对宗族家庙的保护，将其作为村庄公共活动中心进行规划营建，促进村民间人际和谐、家庭和谐；同时通过公共建筑设计和公共空间设计，形成村庄在新时代需求、新技术条件下的乡村建筑景观特色，引领带动农房效仿，激发村民主动营建生态、节能、宜人、宜居的地域特色民宅，从而形成良好、统一的村庄风貌。

（三）创意产业带动型村

1. 发展特征

1）村庄兴起具有偶然性，多位于大城市近郊，村庄环境、房屋租金有一定优

势。创意产业带动型村多处于距离大城市较近的乡村地区，同时具有历史文化或自然环境等方面的优势，以此才形成了对创意产业人才的吸引力。一部分创意产业带动型村由政府主导，采用园区化运行，但更多村庄是因为偶然的机缘才成为创意人才和聚集地。

2）个人建设行为为主，单体景观个性鲜明，公共空间疏于管理。创意产业带动型村的房屋建设、村庄改造具有较强的自发性与个体特征，且其建设行为多局限在个体房屋及院落范围，而村庄公共空间、设施建设则存在建设空缺。

随着城市人口的涌入，村庄内部人员（外来人员与本地村民）的整体认知水平会随着村庄的开放度提升而得到提高，反过来促进村庄的进一步改善。

2. 发展需求

1）需要村庄整体规划来协调公共空间与个体建筑的关系。创意产业带动型村庄的发展与改造等模式主要涉及政府、入驻企业或艺术家、村民三类主体。在村庄建设过程中，三类主体的利益需要政府进行协调。政府需要在村庄发展过程中对村庄建设进行整体把控，站在较大的空间与时间跨度角度，从农房建设、村庄整治、村庄环境和产业发展等多层面对村庄建设进行引导与促进（陈俊红等，2017）。

2）提升村庄硬件设施水平以迎接下一阶段发展。根据创意产业发展的一般规律，随着产业链条逐渐完善、创意产品名气提升，村庄将失去低价房租优势，未来发展模式势必有所转变。无论村庄选择吸引更有实力的艺术家进驻，还是选择开展乡村旅游，良好的硬件基础设施必不可少，因此，应该通过规划提前建设，以提升村庄对艺术家或游客的吸引力。

（四）电商物流带动型村

电商物流带动型村庄发展模式更多地体现了发展和治理过程中的自组织性质，自组织模式虽然具有易于调动个体积极性和易于形成凝聚力等诸多优势。以浙江省丽水市缙云县北山村为例，由上宅村、下宅村和塘下村三个自然村组成，目前拥有 700 多户人家，交通闭塞，经济落后，因村民长期以来靠做烧饼、编草席为生，故素有“烧饼担子”“草席摊子”之称。近年来，北山村因发展乡村电子商务而闻名遐迩，其中，拥有 800 多人的下宅村就有淘宝店铺 200 多家，集中了全村绝大多数电商企业。在这 200 多家淘宝店铺中，皇冠级别的有 27 家。如今北山村已经形成了以自主品牌“北山狼”为核心的户外运动用品产业集群，2014 年全村户外用品网络销售额为 1.2 亿元，电商全年销售额超过 1.4 亿元。村民人均纯收入从 2006 年的 3311 元增长至 2014 年的 13 926 元。可以说，北山村的电商传奇是“大众创业、万众创新”的典范。但应意识到，电商物流带动型村庄也会面临乡村治理无效或失效的局面，一旦失去产业优势，极易出现治理真空、村容凋敝。

1. 发展特征

1）农房和公共建筑的利用率提高，部分历史建筑被活化利用。一方面，农村电商活动能显著提高村庄房屋的利用效率，大量闲置的农房和公共建筑及公共堆场等可作为电商物流业的仓库；另一方面，电商营销过程中让一部分电商竞争者和村民意识到村庄特色的品牌效应，一些具有历史价值和地方文化价值的农村建筑通过民间的私下流转，被改造为充满本地文化要素的生产经营场所，在互联网时代得到活化。

2）村中心自发形成电商街，生活性交通受到干扰。电子商务店铺在形成之初主要是围绕着村中心配套设施较多的地方自发形成，受广告设计、餐饮旅店和物流交通等需求的集聚性增长影响，相关的配套产业链也逐步得以完善，进而形成了以某一类或某几类电商类型集中的带状街面。由于这种空间结构具有自组织的特性，加之缺乏合理的规划引导，由零散网店分布所产生的频繁物流交通对村庄内部的生活性交通带来了较大干扰。

3）房租迅速上涨，推动村庄容积率升高或成立专业化园区。出于对低廉租金的偏好，农村电子商务兴起之地的房租往往低于区域平均水平，因此，多为发展平平或人口净流出的一般村。经过电商起步发展阶段的积累，农村电子商务进入产业集群发展阶段，网商成长迅速，受农村土地政策限制，原有村庄建设用地已无法满足日渐增长的扩张需求，村内经营场地租金价格成倍上涨。迫于租金压力，单位产出率较低的经营空间正在考虑向村庄以外延伸或迁移。村内产业类型与用地功能将有可能得到优化，推动村庄由一般村向人口规模更大、设施与服务功能更完善、区域影响力更高的中心村晋升；村外小型园区承接电商转移获得发展动力。

2. 发展需求

1）重视集体经营性建设用地，探索适合电商物流产业的农地再利用模式。受电子商务活动的影响，北山村的农房采用“网商作坊”的形式，进行“前店后厂”式的经营，其基本的空间使用模式是：一层的房间用于客服、运营与来料加工；二层以上的房间用于居住和仓储。但是，农房经营不利于“网商作坊”向“电商企业”升级。首先，因为数量众多的网商零散分布于村内，加之乡村交通条件有限，物流的配送效率会受到限制。其次，北山村的农房多为三层的联排建筑，建筑面积相对狭小，不利于提高网店的经营效率。

依托农房进行电商活动的模式正面临着发展瓶颈，可以考虑充分利用土地规模较大的经营性建设用地（郑越等，2016）。

2）优化村庄内部交通组织，提升生产生活空间品质。针对北山村目前“亦居住、亦商业、亦仓储物流”的混合型土地利用现状，应进行合理的功能分区，制定前瞻性规划，整合村中相关资源，使其交通畅达，分区明确，并配以必要的公共配套设施和基础设施。

电商发展产生大量物流交通，道路对通畅性的要求也导致了村内公共绿地资源的减少，规划可以考虑结合村中历史建筑空间要素打造公共空间，完善绿地系统，提升环境品质，为村民和创客营造良好的电商氛围。

电商物流带动型村庄虽然拥有较强的致富前景，但由于乡村的居住、交通和娱乐等基础设施较差，对人才的吸引力十分有限，如何吸引高水平的电子商务人才，仍然需要多方位思考。例如，可以通过规划建设康体运动、郊野休闲、民俗体验和文化遗址等生态主题公园；鼓励村庄街道、广场和滨水空间的建设以提供丰富多彩的公共活动；大胆创新，引入乡村旅游业，利用田园风光串接游览景点，促进城与乡的融合；以及面向居民、创客的差异化需求，建立涵盖社区服务、创新创业服务的生活服务枢纽，促进不同人群的融合共生等。

3）完善信息化下的现代服务设施体系，扩大产业集聚规模。从目前北山村的网商类型情况来看，可以发现，北山村所销售的产品主要以户外用品为主，与本地的农产品基本没有联系，这是一种“无中生有”的乡村电子商务发展模式。这种模式比较适合于毫无产业优势的经济落后乡村。但由于产业过于单一和产业链过短等因素，北山村村民面临着同质化竞争的问题。

从目前北山村的基础服务设施情况来看，现有的服务设施主要涉及网商人才教育，但与电商服务有关的服务设施并不为村民熟知，另外，北山村其他的生活性服务设施也并不完善。

后期的规划应当立足县域层面，尝试突破村域地理边界，在更大区域范围内组织电子商务集群，进一步完善相关产业链，注重产业之间的互动协调发展，探索出新型的复合式发展道路。例如，针对北山村，可以由户外用品的设计、制造、销售，到乡村旅游业、酒店服务业和金融业等各方面，形成完整产业链，而这种全盘式的产业规划，一方面，要靠村民自我的发展，另一方面，也需要地方政府有意识地改善本地区的产业布局。

（五）乡村旅游带动型村

乡村旅游带动型村在快速发展村庄中比例较高，有些村庄单纯发展旅游业，有些村庄则以创意产业、现代农业为主，衍生出乡村旅游市场。以浙江省三个村庄为例，分析其发展特征与需求的共性和差异。

1. 发展特征

1）基础设施建设和环境整治是乡村旅游起步的前提。村庄的基础设施水平直接决定了乡村旅游的住宿条件、卫生安全保障、接待承载能力，是游客满意度和美誉度的关键评价环节。因此，乡村旅游带动型村普遍比一般村更加注重改善公路、水利、电力和通信等基础设施的投入，更加注重对农舍、厕所的维修和改造，更加重视生态环境和乡村性的保护。

上城埭村在开发乡村旅游前，全村卫生环境较差，村内基本以石子路为主，道路硬化率只有 50%；自来水覆盖率不足 70%，厕改率不到 60%，露天草屋粪坑比例达 50%，没有污水处理设施；有线电视网络、宽带网络、电话网络覆盖率均不到 50%。虽然位于杭州近郊，但基础设施水平与其所处区位的经济水平极不相称。2002 年，上城埭村积极投入村内公路、绿化、通信和卫生等方面基础设施的建设。两年之内，全村厕改率，道路硬化率，有线电视、宽带网络和自来水等覆盖率均达 100%，新建了污水和垃圾处理中心，并在村庄附近山区铺设游步道 6000 余米，村庄基础设施状况迅速提升，随之而来的是乡村旅游规模迅速扩大（唐代剑和过伟炯，2009）。

滕头村在 20 世纪 70～80 年代先后进行了改土造田、旧村改造、兴办企业，经济水平和基础设施水平得以提升，黄泥路变成了宽阔的水泥道，泥巴房改造成了连体别墅，此后将建设重点放在人居环境提升上，通过特色观光农业和良好生态环境来吸引乡村旅游者。相继获得全球生态 500 佳、国家首批 AAAA 级旅游区和全国首批文明村等 50 多项国家级荣誉称号。

诸葛八卦村在开展乡村旅游之前，村里大多数古建筑都没有得到及时、妥善的修复，直到 20 世纪 90 年代，村内的道路硬化率只有 10%不到，90%以上村民住的是木结构土房，使用的是草屋粪坑，电网覆盖率不足 70%，自来水使用率只有 30%左右，基础设施水平相对落后。1995 年诸葛八卦村被评为全国重点文保单位后，得到专项资金和部分旅游收入，用于对村内古建筑的实时保护和妥善修复，还开展了多项基础设施建设和环境整治工程，与旅游发展相辅相成，厕改和“三通”等覆盖率达到 100%，山林绿化覆盖率达 70%以上。

2）村民对村庄整体建设和村庄环境保护的意识增强。一方面，乡村旅游中的城乡居民互动必然带来城乡居民生活观念、生活习惯、价值取向和消费理念等意识形态领域的相互影响，有利于农民环保意识的增强，进而带动乡村景观的建设和居住环境的改善，促进乡村农业、工业生产向无公害、无污染方向发展，同时也促进农村文物古迹的保护和乡村传统文化的保护。

另一方面，通过乡村旅游带动村集体经济壮大、农民经济能力增强后，村集体、村民也有能力进行乡村基础设施的建设、管理和维护，村民参与仅仅依靠宣传教育是不够的，需要让村民切实获得古村落保护、环境整治改善后乡村旅游发展带来的经济利益，才能形成自下而上的强大动力，让村庄建设和保护进入良性发展循环。

2. 发展需求

1）根据城乡距离和旅游资源品质，准确选择市场定位。乡村旅游带动型村的发展与城市距离关系紧密，与城市距离越大，村庄自身的生态或文化吸引力要求越高。上城埭村位于杭州城乡结合部、西湖区龙坞风景区内，距离杭州市中心城区 15 公里，村庄自身资源并不突出，而是依赖千亩龙井茶园、大小斗山和水库等周边生态资源，重点突出中心城区没有的优美生态和偏远乡村不具备的交通优势两大特色，结合浙江当地人饮茶交友的日常消费习惯，选择培育以休闲品茗度假为主题的乡村旅游。滕头村位于宁波市远郊，距离宁波中心城区 27 公里，距离溪口风景区 12 公里，在发展乡村旅游之前，已展开了水稻农业科技示范区、旧村改造和人居环境建设等工作，旅游服务接待设施相对完善，再开展以农业观光、生态休闲为主题的乡村旅游。诸葛八卦村距离金华中心城区 39 公里，全村基础设施长期落后于地区平均水平，但村内保存有 200 多座明清时期古建筑，1996 年被国务院批准为全国重点文物保护单位，从此开始发展乡村民俗文化旅游。

2）旅游用地选择需要与村庄建设、自然与文化资源保护相协调。旅游用地布局对自然景观安全格局和文化景观安全格局有着重要的影响。旅游用地布局不合理不仅对区域水土保持和物种保护等造成一定破坏，也会对遗址遗迹和古建筑等的保护产生影响。因此，为保证村庄永续发展，需要运用科学方法，建立村庄文化-自然资源安全格局分析，在此基础上进行各类型旅游用地布局规划，以景观不发生变化和景观修复为主要原则，严格控制用地规模。文化观光旅游用地以乡村现存的遗址遗迹及古建筑用地为主，仅向游客提供观光功能，禁止对其进行其他用途的开发。

（六）现代农业带动型村

1. 发展特征

1）整合土地资源，建设规模化农业基地或农业园区。整合村庄农用地资源，统一组织生产和经营，是提高农业生产效率的前提。以山东省临沂市莒南县文疃镇宋家庄村为例，村庄成立农业种植专业合作社，将村民每户土地集中经营，合作社吸纳 73 户贫困户入社，贫困户通过打零工和合作社分成，全年可增加收入 3000 元。更重要的是，通过合作社整合土地资源，建设了占地 200 亩的柱状苹果基地、占地 350 亩的水蜜桃基地、占地 200 亩的雪桃基地及占地 100 余亩的绿色有机葡萄种植基地，土地集约利用率达到 70.8%，未来还要重点打造建设一处占地 1000 亩的现代农业示范园。

2）引进新技术、新品种和机械化等，提高农业附加值。宋家庄村为了提高农产品的有机标准，在市农业科学院指导下，与果树研究所合作，投资 200 余万元，规划建设了 31 个单体大棚和 1 个连栋大棚，引进 3 种高产葡萄新品种；坚持科学种植，采用物理防虫技术，全程不施任何农药化肥。在山东另一个村庄，青岛即墨区鳌山卫街道鳌角石村，利用山多林密、雨润充足的自然条件发展兰花种植，聘请国外专家技师不断创新、改进培育技术，创办近 10 年间，人工培育兰花 30 多种，培育盆景、蒲和铁树等观赏性花卉 100 多种，目前已发展成为整个青岛规模最大、种类最多、培育历史最长的兰花园。

3）打造特色农业，塑造带有地理标识的农产品品牌形象。茶叶种植则是鳌角石村最大的特色产业，全村 600 户村民中有 400 多户都种植了茶叶，是名副其实的茶乡。鳌角石的茶叶水质好、土质好，施有机肥，以此为品牌突破口，将全村 600 亩茶园上报农业部无公害农产品认定。鳌福茶场注册的“鳌福”牌绿茶，被认定为绿色食品 AA 级产品，通过了国家有机食品认证和国家质量标准（quality standard，QS）认证。目前村庄逐渐实现了茶叶的产销一条龙，并且品牌也越做越大，除了山东省内，还远销北京、河北和黑龙江等地区。

2. 发展需求

1）坚持更新与维护农业配套设施，确保现代农业领先的生产环境。宋家庄村对现代农业示范园投资 240 万元，对园区内道路进行硬化、绿化，并配套建设农业水利灌溉设施。

2）延伸产业链条，促进三产融合，推进“农业+”发展模式。鳌角石村围绕茶叶种植，发展“农业+加工业”，1998 年以来先后投资 460 万元，兴建了鳌福茶场，后又成立了青岛鳌福高效农业合作社和青岛金天柱山绿茶专业合作社 2 家农民专业合作社，发展青岛鳌福茶场、青岛新鳌茶叶有限公司和青岛鳌海湾茶叶有限公司 3 个农产品加工龙头企业，注册了鳌福绿茶、鳌山绿茶和鳌角石绿茶 3 个农字牌商标。

宋家庄村也在积极推进“农业+旅游”产业，投资 140 万元，高标准打造了葡萄广场一处，并规划建设科普体验馆，体验馆内设有村史展览馆、葡萄科普体验馆和云电商销售中心，让游客在感受科学技术的同时感受乡土情怀。

3）提升村庄设施与环境，增加村庄对村民和外来务工人员的吸引力。伴随着鳌角石村现代农业发展，村经济实力变得雄厚，村庄建设得到很大提高。为了改善村民居住环境，村庄多年来投资600余万元对全村道路进行了硬化，并投资80余万元实施村庄道路绿化工程，同时开展路边广告清理活动，保障村容村貌整洁卫生。

第三节　快速发展村庄的建设发展需求

一、快速发展阶段的突出问题

（一）建设用地低效蔓延

非农建设用地快速扩张。伴随经济效益的提高，快速发展村庄非农建设用地规模加速扩展，用地类型向专业化的工业类和旅游服务类等类型转化，耕地也逐渐转变为产业用地和其他产业相关的设施及服务用地，人均建设用地及人均居民点用地面积较大。一些村庄建设无序但民营经济比较发达的地区，产业普遍呈现出“村村冒烟”，沿交通线分散化布局的特征。在村庄快速发展的前中期阶段，多出现用地规模急剧扩大、利用效率相对较低、大量空闲用地穿插在建设用地之中的土地缺乏集约节约利用的情况。

由于乡村产业基本在自组织状态下发展，土地利用依然存在着规划被动、建设管理滞后和法律与制度保障缺位等问题。建设用地需求增加，侵占耕地和林地等生态用地的情况屡见不鲜，也使基础设施和公共服务配套成本增加，居住环境较难全面改善。

※河北省保定市野三坡旅游区苟各庄村

苟各庄村位于河北涞水县野三坡旅游区内，距核心景区百里峡入口仅2公里；是与野三坡旅游区同步成长起来的旅游村落，主要以旅游接待和娱乐服务等功能为主，是野三坡旅游区重要的接待服务基地。随着1986年旅游开发的兴起，村庄功能内涵及景观格局朝多元化方向发展，逐渐由以单一的村民居住为主的村落向满足旅游者多方面需求的住宿、购物、餐饮和娱乐等功能复合的旅游服务村转变。村庄建设行为特征，主要体现在村庄用地空间格局扩展、建设用地利用强度变化、村庄土地利用功能变化和村庄功能布局变化方面（图3-8）。

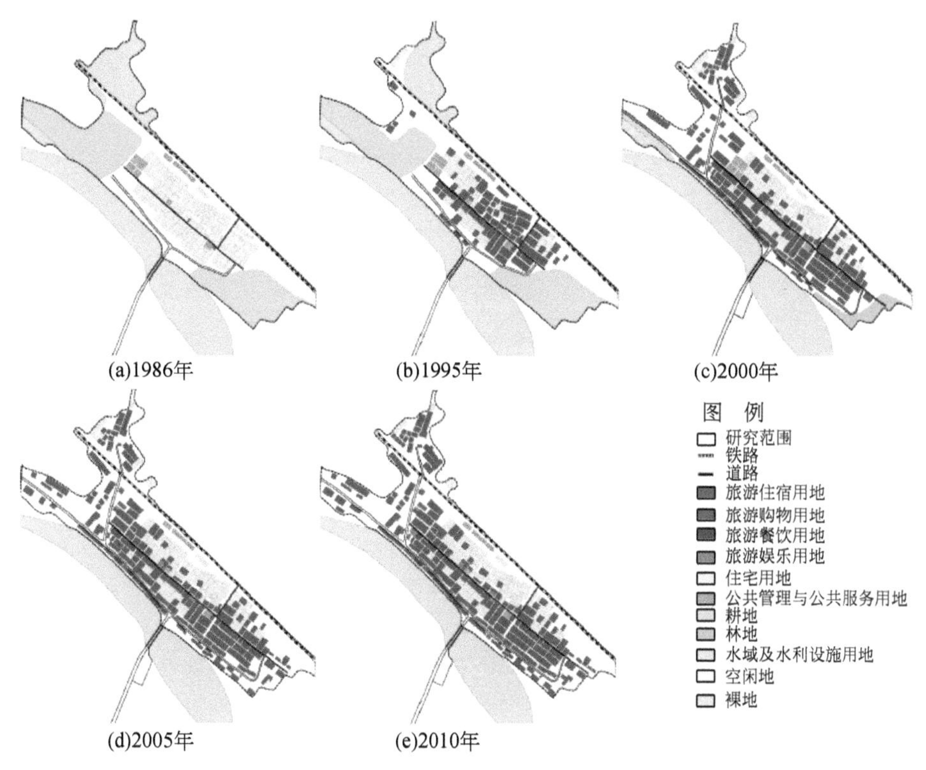

图 3-8 1986～2010 年苟各庄土地利用功能拓展变化示意图

资料来源：席建超等，2011

1）用地空间格局扩展方面。1986～2010 年，村庄建设用地增长 82%，原来分布较为集中的村落住宅建设用地向周边不断扩展，其中，1995～2005 年扩展数量最多，强度最大，2000～2010 年平面扩张趋于稳定。空间拓展方面，1986～2010 年，建设用地扩展模式以“核心-边缘”扩展为主，以条带式扩张为特征。分时段来看，1986～1995 年，村庄用地扩展比较零散，独立小斑块增多；1995～2000 年，建设用地扩展由分散走向集中；2000 年以后，建设用地扩展又由集中走向分散，表现为填充式扩展。

2）建设用地利用强度变化方面。土地利用强度在 1986～2010 年，村建筑面积增长 3.62 倍，容积率从 0.18 增长至 0.45，1995～2000 年是建筑面积增加数量最多的时期，其次是 2000～2005 年，此 10 年间基本框定了村庄立体扩展的框架；初期（1986～1995 年）平面扩展虽多，但空闲地增加面积多、比例大，建筑面积增加数量较少。

3）村庄土地利用功能变化方面。1986～2010 年，村庄功能内涵及景观格局朝多元化方向发展，但由以村民居住为主向满足旅游者需求的住宿、购物、餐饮和娱乐等复合功能转变；村庄用地功能变化表现为由传统民居功能向旅游住宿用地转变。1995～2000年，旅游用地开始大量侵蚀耕地，耕地转变为旅游住宿用地和其他用地；2000～2005年，林地转变为旅游住宿用地和其他用地；2005～2010年，其他土地转变为旅游住宿用地是主导类型，同时旅游住宿功能向其他旅游用地转变趋势加强。

4）村庄功能布局变化方面。1986～1995年，普通住宅从村庄主体收缩为村庄西北部的一小片区域；旅游住宿用地集中分布在村庄东南部；旅游购物、餐饮用地沿村内主路和拒马河沿岸零散分布。1995～2000年，普通住宅开始向东南部扩展，呈现远离主路、靠近北部山区集中分布的格局；同时，村庄东南部的旅游住宿用地逐渐消失，旅游住宿用地开始向村庄西北部和东南部的道路两侧扩展，呈现沿拒马河岸和村内主路的条带式分布；旅游餐饮、购物和娱乐用地由分散走向集中，沿拒马河沿岸和村内主路集中分布。2000年后，旅游住宿用地继续向村庄西北、东南两端扩展，呈西北—东南方向条带式分布的格局。

经营与公益性用地低效。集体建设用地利用低效表现为经营性建设用地与公益性建设用地两方面。由于村庄建设无序，我国村庄内经营性建设用地与公益性建设用地低效利用的情况均较为突出。

1）村庄经营性建设用地效益低下。大量村庄存在严重的经营性建设用地私下流转现象：半数以上的乡镇企业建设用地未办理审批手续，违法违规使用集体土地；75%的基层土地管理部门对乡镇企业违规用地情况监管不力。村庄经营性建设用地使用与管理无序，乡镇企业违规占地现象明显。乡镇企业往往占地面积大，自身经营规模较小且产出效益低，造成村庄经营性建设用地效益低下。

2）村庄公益性建设用地浪费严重。我国村庄大量建设用地被用于村庄公益性设施建设，因此，极易出现设施占地巨大而村民不愿使用的现象，造成村庄公益性建设用地的低效利用。针对西北某地区村庄开展的调查显示，具有公共服务职能的行政村的人均建设用地的面积往往是普通行政村的两倍，但公益性设施使用效率却不尽如人意。此外，还有一些公益性设施撤并造成的村庄建设用地浪费现象，以占地较大的农村中小学为例，2000～2010年农村普通中学减少100 643所，农村小学减少229 390所，大量中小学被迁并后，教育设施闲置，学校校舍和场地等处于无人管理的状态，造成大面积公益性建设用地的严重浪费。

（二）要素配置零散无序

散户经营不利于要素配置，长远将导致发展瓶颈。快速发展村庄多以“小农式”方式迅速集聚了一批下游产业个体经营者，这些小微散户短时间能够带来村庄繁荣，但生产设施质量低、生产分工环节单一、从业者整体素质不高，难以实现长远发展。若不及时加以规划引导，将对村庄设施供应带来巨大压力，造成建设用地和生态环境等有限资源的浪费，抬高村庄建设和整治成本，进而让村庄失去产业发展优势。

对生态旅游型村庄，以家庭为单位的分散的、小型的、自发式的旅游产品供给模式难以实现村庄旅游功能完善和服务质量提升，也会引发村庄基础设施匮乏、环境恶劣和公共服务滞后等问题，难以满足旅游市场品质化需求。

对工业企业型村庄和电商物流型村庄，围绕村庄特色发展形成快速大量的产业个体及用地集聚，但同时功能发展的单一化与低质化对村庄持续提升发展提出挑战，量化的积累在短时期内可以推动村庄发展，但随着场地租金和人力成本的提高，散户经营将不得不面临着重新选址或产业升级的抉择。

※河北省保定市野三坡旅游区苟各庄村

2001～2010年，野三坡旅游接待人次从52万增长至224万，增长了3倍。野三坡旅游区地处偏远，远离中心城镇（缺少接待设施），交通甚为不便，而苟各庄村是野三坡火车站停靠点，毗邻景区（百里峡）2公里，使其成为住宿首选。野三坡旅游市场需求规模快速增长，促进了苟各庄村专业化发展，中低档市场需求使得以农户为基本单元的低档次接待设施建设得以存在并不断发展，设施建设仅重速度却忽视了质量。

苟各庄村的农房被反复重建，有的农户甚至修建了3代甚至5代新房，资源浪费严重，一轮接一轮以家庭旅馆扩张为主体的农房建设导致大量耕地被占用。

资料来源：席建超等，2011

（三）风貌特色消亡变质

传统风貌迅速消失，乡村美学遭受外来文化冲击。在快速发展过程中传统乡村的“乡村性”丧失，需要重塑乡村文化景观软实力。乡村性是村庄区别于城镇的重要特色，对村民自行主导的村庄建设和改造过程，村庄环境整治和改善过程中关于特色延续和风貌保护的技术指导不足，同时由于村民对建设标准与审美存在诸多认知差异，对村庄的乡土特征保留产生了一定程度的负面影响。整村迁建等统一规划建设过程，往往由于设计手法单一，缺乏村民个性化展现，不利于保护村庄历史建筑和体现乡村文化特色。特别是生态旅游型村庄，经营者和村民出于迎合市场或审美差异等原因，擅自改造村落格局和建筑样式，植入生硬的文化元素、城镇消费元素、外地甚至外国景观元素，造成传统风貌丧失和外来文化入侵的双重问题。

※河北省保定市野三坡旅游区苟各庄村

苟各庄村在过去“爆炸式”发展中，乡村城镇化与庸俗化相伴而生。不注重传统街区、传统风貌的保护和继承，使村落原有特色民居风貌遭到破坏，地域文化的特色渐趋衰微，建筑文化的多样性遭到扼杀，正在丧失其形态、地标、识别性、特征。

资料来源：席建超等，2011

※山西省晋中市太谷县城南武家花园

山西省晋中市太谷县城南武家花园曾拥有各式街门、院门、腰墙门、过道门20多座，亭台楼榭等房间共200多间及明清建筑，但被县里列为城市片区改造重点工程，建筑被拆除。

※海南省海口市秀英区永兴镇美孝村

海南省海口市秀英区永兴镇美孝村中古建筑与新建筑穿插建设，导致古村整体风貌不协调。走进美孝村，左右风景截然不同。一面是古朴厚重的火山古村落，碎石铺地、石屋林立；一面是新村，小楼别墅、水泥硬化。

※辽宁省大连市旅顺区郭家村

辽宁省大连市旅顺区郭家村文化遗址被企业承包，在文化遗址上建设度假村。大规模建设的仿古建筑与遗址地点相连，地下埋藏的文物大部分被毁坏，破损的古代陶片随处可见。

（四）主体需求分化割裂

快速发展村庄的建设和居住主体成分愈发复杂，更高级别政府、非政府组织（Non-Governmental Organization，NGO）、大中型企业、社会资本以政策试点、合作项目、产业投资和整体开发等不同形式参与村庄建设，城市居民、外地游客、艺术家群体和外来务工人员等也进入村庄或短或长地居住生活，各类主体对村庄空间的需求差异巨大甚至存在冲突矛盾，村庄规划建设的决策权已经不完全掌握在本村村民手中。

目前村民与规划主体对话机制尚不完善，规划参与度低。村庄规划公众参与是村民参与从决策到实施的村庄规划全过程，其行为受多方面因素影响。但在实际规划编制和实施中，区镇政府组织编制的村庄规划多半只能做到在编制阶段以问卷收集村民意见，而社会资本参与乡建的村庄规划更多采用与村民代表协商的形式，村民缺乏了解规划全局、参与村庄建设的平台（表 3-1）。

表 3-1　村庄规划全过程公众参与情况一览表

<table>
<tr><th>规划阶段</th><th>现状</th><th>存在问题</th><th>原因分析</th></tr>
<tr><td>规划决策阶段</td><td>村民基本无参与，规划基本忽略群众意愿</td><td>政府管控权限过大，包办村庄规划决策事务</td><td rowspan="3">客观实际原因：
法律法规中缺乏村民参与的实质性内容
村庄社会组织基础薄弱
村庄规划的复杂、专业性
自上而下和自下而上的决策方式的冲突

村民原因：
村民参与意识淡薄
村民受教育程度不高</td></tr>
<tr><td>规划编制阶段</td><td>村民参与主要集中在村庄规划编制阶段
村民实际参与现状调研和村民会议审查 2 个环节
现状调研环节通过座谈会、入户访谈和调研问卷等方式被动参与
村民会议审查环节实际是事后通知和收集村民意见</td><td>参与时间晚
参与环节少
参与流程简单</td></tr>
<tr><td>规划实施阶段</td><td>方案实施中因直接利益冲突产生的维权式参与
对村庄规划公共管理事务方面基本无参与</td><td>缺乏监管机制
参与内容片面</td></tr>
</table>

其中，关键的制约因素有两个方面，一是缺乏组织村民商议决策的代表机构。村民参与的行为与村委会组织密切相关。根据民政部发布的《中国 2014 年社会服务发展统计公报》，截至 2014 年底，全国有村委会 58.5 万个，村委会数量在近十年来呈显著下降趋势。村委会作为村庄自治组织，其数量的减少将会导致村庄公众参与渠道的不稳定。虽然近几年社会团体中农业及农村发展类社会组织数量逐年增加，但是相对于全国庞大的村庄数量，村庄社会组织仍远远不足。二是缺乏使大多数村民了解规划、发表意见的有效途径。对快速发展村庄来说，与外界接触较多的务工群体、青年村民是未来村庄发展的核心人才动力，但这部分村民往往常年在外，仅在春节等重大节假日才回到村中，规划调研和编制期间很难覆盖。在《中国农民状况发展报告·政治卷 2013》调查结果中，作为村庄公众参与新生力量的青年村民在参加投票、参加村民会议、在村民会议上提意见或建议、参加民主监督的比例分别为 57.3%、50.9%、22.4%、19.8%，而 60 岁以上老年人在公众参与中的比例则为 78.9%、53.9%、29.1%、26.3%。

二、快速发展村庄的规划诉求

（一）推动三次产业融合发展

产业融合是符合我国国情的战略决策，对解决农村经济发展宏观、中观和微观三个层面上的问题都有重要意义。

从微观层面看，产业融合将利于引导农户或企业按照市场需求进行生产，获得更多收益。我国农村长期坚持分散的、小规模家庭经营生产方式，农业生产的组织化程度低，“小农户”与“大市场”矛盾成为制约农民增收和农业深化发展的主要原因。“公司+农户”对接模式，只是在加工环节实现了“半截子”产业化。而处于整个产业链上游的生产环节，千家万户分散经营难以实现标准化是众多快速发展村庄将会面临的发展瓶颈。因此，从农户或企业经济行为的微观层面来看，推动产业融合，就是要市场机制发挥调节作用，引导传统分散的农业生产，走组织化、规模化、集约化、标准化的道路，提高农业竞争力。

从中观层面看，产业融合将利于提升产业竞争力，依托特色获取超额利润和推动区域经济协调发展。我国的农业现代化滞后于第二、第三产业的现代化。农业产业链短且窄，上游的科技研发能力较弱，下游农产品加工、储运和销售等诸多环节发展滞后，生产各环节之间无法发挥协同效应。此外，产城发展也不协调。在城镇化过程中，农村劳动力大量流向城市，出现了农业副业化、农户兼业化、农村劳动力弱质化和农村“空心化”等一系列问题。因此，从农业及农业产区经济发展的中观层面看，产业融合发展，将意味着更多资源在市场需求引导下向农业和涉农产业部门流动，利于形成产城协调发展、区域“整体联动”发展格局，同时有助于快速发展村庄保留更多劳动力，实现正向健康发展。

宏观层面，产业融合将利于调整产业结构和推动城乡一体化发展。中国经济将长期处于 “新常态”，产业结构主要矛盾已由数量关系的不合理转向了功能关系的不合理。此外，在新型工农城乡关系逐步形成过程中，出现了城乡之间公共品供给失衡，基础设施建设和社会发展的不公平，以及农业、农村和农民权益保护与发展机会不平等问题。因此，从宏观经济发展层面看，产业融合发展将有利于推进农业产业结构向多层次和高层次升级，提升农业生产力、农民发展能力和农村发展活力。在此过程中，快速发展、发展水平较高的村庄，将成为带动宏观产业与区域发展的带动力量。

（二）探索实践土地管理创新

综观西方发达国家的农业生产，规模化经营、机械化程度高、科技含量高是决定这些国家农业发达和农民收入水平高的关键因素。相比较而言，我国虽然是一个农业大国，但还不是一个农业强国，农民的劳动强度大，可支配收入少。要想促进农村快速和持续的发展，就必须创新现有的土地管理制度。只有破解制度性障碍，才能真正促进农村发展。快速发展村庄，作为我国农村发展的先行先试发展排头兵，应从土地管理创新改革入手，开启新的发展时代，引领我国农村地区通过更新管理方式更好地促进产业社会发展。

对快速发展村庄，发展前期对主导带动产业用地及相关基础设施用地会产生大量需求，而发展后期则相应会加强对土地使用集约度和高效率的要求。而在缺乏合理有效的规划指导下，村庄通常会在快速发展阶段出现土地资源利用不合理的情况，需在空间上做出优化调整。以旅游型村庄为例，要适度开放土地政策，满足旅游功能“模块化”要求，以功能片区带动散点式发展，实现乡村旅游用地发展模式由传统乡村内生型“人口增长+生活需求”驱动模式，向外向型的“人口增长+旅游需求”驱动模式转变。

※福建省福清市洪宽工业村

洪宽工业村，是爱国侨领林文镜于 1990 年 3 月，在福清家乡独资创办的全国第一个侨办工业村，为国家级融侨经济技术开发区骨干园区。工业村由台湾机电园、铝产业园、综合工业园三大园区组成，重点发展发电机组、有色金属深加工、精密机械、电工电器、食品加工五大产业。经过 20 多年建设，工业村已成为福建省承接台湾地区产业转移的主要集聚地和前沿窗口。

（1）发展初期，引入工业形成工业小区

洪宽村发展初期以引入工业为基础，依靠原有数个自然村的土地资源形成发展的最初模式，产业规模仅可算作工业小区。基础设施和公共服务设施建设多限于最初的工业小区范围，建设诉求多限于工业用地及基础设施用地。工业发展重点在于发电机组、有色金属深加工、精密机械、电子电器、食品加工五大产业。

（2）发展中期，建设诉求和空间需求随产业链丰富而扩大

随着产业的不断壮大、产业链的扩展，建设以农业休闲观光为主打特色、以闽台农业研发为支柱的台湾农民创业园。除在建设用地需求外，仍需耕地来满足生产种植；同时，对产业的生态环境影响也提出新的要求，使得生态绿化类用地增加。

（3）发展后期，产业链壮大做精，建设用地需求向集约高效型发展

随着产业发展深入，陆续建设并拓展形成台湾机电园一期、二期工程和铝产业园等，新建园区围绕初始的综合工业园展开，形成以综合工业园为中心，向周边辐射的空间发展格局。发展后期产业不断壮大并转型，使得用地格局更加精细合理，单位面积产值不断提升，同时园区的景观环境和生产环境内涵也在不断提升。

另外，宅基地腾退机制亟待完善。长期以来，我国城乡规划关注城市而忽视乡村，仅有少部分村庄受到规划管控，村庄缺乏土地使用规划。在已编制的乡村规划中，对宅基地的规划管理也处于一种消极的状态，村庄建设放任自流，布局较为散乱，宅基地星罗棋布，村庄内存在大量没有实际用途的空闲地，由此造成村庄建设用地利用效率极低。近些年各地区对宅基地的腾退已经有了一定的尝试和探索，但由于宅基地的腾退机制不完善，在实践过程中仍存在很多问题：①对宅基地的退出，农民是否自愿主要取决于农民对其利益的衡量，如果退出宅基地的预期收益多于其投入成本时，农民才有可能自愿退出宅基地，因此，当务之急应该明确宅基地的退出模式和细化宅基地退出的补偿标准等。②由于宅基地退出与农户户籍、子女教育、社会保障有着十分紧密的联系，目前也未考虑其连带效应，造成农民对宅基地的退出意愿不强，在实践过程中实施效果并不理想。目前部分地区已经展开宅基地的腾退试点工作，《中华人民共和国土地管理法（修正案）》也提出了宅基地腾退的相关内容，但是政府主管部门仍未出台相应细则，对上述问题尚无明确的指导意见，农村宅基地的腾退机制还需进一步深化和完善。

目前国家正在深化推进农村土地制度改革，对村庄个体而言，如何贯彻改革理念、因地制宜地探索出适宜本村的土地管理方式，并形成村民拥护、自觉遵守的制度，将是规划编制的一大挑战。

（三）重塑乡村空间文化特色

乡村地区由于历史发展地域与路径的不同，形成了各类特色村落空间和具有特色的各式民居。但是在快速发展过程中，随着城乡一体化和建设用地减量化发展，乡村空间和建筑特色日趋隐形。未来在协调宏观发展和上位规划要求下，如何去继承和延续乡村地区空间、建筑特色，避免其在城乡一体化进程中悄然消逝，从而防止产生全国“千村一面、万村一貌”的乡村建设局面，将具有十分重要的现实意义。

对旅游型村庄而言，在新型特色旅游文化尚未建立的前提下，“乡村性”的丧失直接威胁其发展的根本。因此，在未来乡村旅游发展中，要加强乡村规划建设，挖掘乡村文化传统，实现乡村景观重塑。

（四）提高专项设施服务水平

随着村庄不断发展，处于不同阶段的村庄，其对生产服务设施和生活服务设施的需求也将随之发生变化，由对数量、规模的要求逐步上升为对提供服务的质量和效率的要求。因此，对快速发展村庄，不宜“一刀切”地盲目效仿城市标准开展设施和服务建设，而应根据产业发展和村民消费需求，做出有针对性的、适宜的规划响应。以电商型村庄为例，在电商村发展的不同阶段，村庄对交通和基础设施、公共服务设施的需求在不断变化。

产业初级起步阶段的建设诉求。在产业初级起步阶段，无论资源禀赋、区位条件、产业基础如何，电子商务对村庄规划的诉求高度一致。首先，是充足且低价的经营场所。一家网店开设初期，经营场所租金成为网店前期投入的主要构成。农村相对城镇较高的人均居住面积，为“家庭网店”提供了几乎零成本的办公和仓储空间。其次，是通畅的外部和内部交通、快速便捷的物流条件。

产业集群发展阶段的建设诉求。在农村电子商务集群发展阶段，单位土地价值提高使得村庄在上一阶段发展出的部分职能外迁，新的产业业态兴起或引入，村庄的整体环境与设施配套得到显著改善。在这一阶段，电子商务对村庄规划的诉求体现在交通设施完备、客货运输条件进一步大幅提升，互联网成为仅次于道路交通的第二大基础设施，生产性服务业和生活性服务业规模出现。物流、金融、职业培训和专业技术服务等电子商务衍生出的生产性服务业，以及餐饮等生活性服务业，让电子商务村庄由单一产业集聚转为具备更加综合的服务职能。

产业升级转型阶段的规划诉求。在产业升级转型阶段，电子商务村庄的形态将根据未来职能不同，出现显著分异。就地城镇化的村庄将逐步过渡按照城镇规划标准建设；发展为“孵化基地”的村庄为扩大产业承载能力、留住部分人才，应侧重提升空间利用效率，提高公共服务配套水平；而“超级村庄”和“全球乡村”在空间形态上将兼具城乡特点，总部、商务、物流和会展等非农化生产空间现代实用、紧凑高效，新农业生产、休闲旅游和居住等空间绿色智能、舒展宜居，但目前暂时缺少经验借鉴，未来的规划方向需要开展系统研究。尽管如此，改善村庄环境面貌和综合服务配套，是这一阶段各类村庄相同的诉求。

（五）落实规划建设管控办法

有一些村庄发展壮大后，苦于村庄空间狭小，盖新房时想向外拓展，但受制于土地性质限制和报建手续的烦琐，无法建房，或者在农用、林业土地上建了房子被定为违建拆除。农村建房杂乱无章，违法建设，既有生产生活观念上的原因，也有现实发展条件的限制。

因此，村庄规划编制务必要对当地现实约束条件有客观理性的认识，明确对集体建设用地上的规划管控应存在权限边界。与城市规划不同，村庄规划的核心不是大刀阔斧的空间利用布局，而是对每个个体建设行为的规范和引导。因此，快速发展村庄规划重点在于如何把握管控力度、制定实施办法，以期对村集体和村民建设行为适度干预，既能发挥村庄整体快速发展的规模优势，又能得到个体理解和维护，同时还能避免政府和企业等强势主体圈地占山、低水准建设。

（六）指导村民参与规划决策

村庄规划作为农村地区的一种公共政策，其全过程中能否实现村民的有效参与，一套完善的村民参与体系是关键。目前，在《中华人民共和国城乡规划法》的指导下，村庄规划中村民参与的重要性逐渐凸显出来，各地的村庄规划都纷纷将村民参与纳入村庄规划的编制过程中。但是村庄规划全过程中的村民参与仍然存在很多问题。因此，规划应主要以问题为导向，借鉴发达国家或地区的经验，确立村庄规划全过程公众参与的基本原则，在规划决策阶段、编制阶段和实施阶段的全过程中组织指导村民参与。

第四章　快速发展村庄规划编制

在对快速发展村庄建设特征与需求充分研究的基础上，本书提出对此类型村庄，应加强规划设计引导。

从规划的编制组织方面，快速发展村庄规划编制应注重与城市的对接及同区域的融合，为进一步促进土地资源的合理利用、生态资源的保护开发，更好地形成交通和设施等建设内容与周边地区的衔接，同时将自身发展置于区域发展的大背景下，规划应坚持进行多规合一与城乡统筹研究。此外，为更好地保障村民的利益实现与村庄规划的有效实施，规划全过程的村民参与、规划的实施与土地、资金和政策等方面的实施保障也应加强。

从规划的内容确定方面，针对快速发展村庄的特征需求，村庄重点关注的规划对象应集中在村域土地的集约合理利用、村庄产业的健康持续发展、村庄建设与农房建设的有效引导方面。同时，针对不同类型的快速发展村庄，村庄整治和村庄风貌的规划引导等内容应作为可选内容，纳入规划体系，加强规划对村庄的全面的和有针对性的引导。

第一节　规 划 框 架

一、规划指导思想

针对快速发展村庄规划编制需求与现行村规划编制办法不能完全匹配的问题，本书对快速发展村庄现状发展问题与规划需求进行总结，提出快速发展村庄规划编制技术措施。以城乡统筹、重视差异、塑造特色为主要指导思想，以政策导向为重要保障，以多规合一为规划的前提与方法，建立规划统筹技术、村域空间布局技术、产业发展规划技术、村庄整治指导技术、农房建设管理技术、村落风貌保护技术和规划实施保障七大技术体系，适应快速发展村庄的特点与发展需求，规划指导村庄社会经济发展与精神文明建设。

（一）城乡统筹，构建系统的编制体系

从规划思路上，构建从宏观到微观的体系化的村庄规划编制思路，应该从构建协调发展的城乡组织体系出发，从单一的空间聚集论转向城乡统筹发展观。

从空间形态及强调的重点上，应该由点及面，从村主要居民点（村委所在地）转向村域范围，将以居民点规划为主的“点规划”转向覆盖村行政辖区的“面规划”，结构形态上实现从线性发展向网络发展的转变。

从政策导向上，政策层面上应实现在非均衡化发展中谋求协调发展，规划的导向上应从单一的目标导向转化为目标与问题双导向，从农村急需解决的实际问题出发，发展生产，方便村民生活。

（二）尊重差异，确定规划的侧重内容

村庄规划应确立一个实用性较强的分类指导规则，重视差异化影响因素，进一步明确规划的重点内容，使规划具有针对性和可操作性。

发达国家及地区的经验表明，处于不同的发展区域、不同的经济发展水平的村庄发展需求不同，其村庄规划的侧重点也不同。村庄规划应根据村庄在人口规模、经济发展和基础设施等方面的具体发展情况，有侧重地选择规划重点，采用不同的规划编制方法，进行村庄分类指引，有序地推进村庄建设与发展。

在保证规划基本内容的基础上，应按照城乡统筹的要求，把实现产业、公共设施发展、落实农村集体和农民土地发展权、尊重地方历史文化和传统，以及保护乡村自然景观和环境作为规划的重要内容和抓手，加强村庄规划中对产业、生态、环境和资源等要素的控制和指导。

（三）多规合一，实现村庄的协调发展

基于落实区域协调发展，提供高效、安全、经济的服务体系的规划意图，根据保护和发展的需求，将村域划分为禁建区、限建区、适建区，并对各类区域提出控制要求和措施。村域土地的使用、防灾减灾、环境保护的目标都需要通过空间管制加以落实，在村域空间上确定区域内适宜开发建设的空间和人口聚集的区域，以及必须采取严格保护的地方。而空间管制区的科学划定，需注意与土地利用总体规划、环境保护规划、生态建设规划及各类专项规划协调。

1）与土地利用总体规划的协调。县、乡镇土地利用总体规划基本明确了各村各类用地的用地指标、空间布局，基于切实保护耕地的视角，制定了各类用地区的管制措施，构成村域土地利用的限制因素和规划依据。空间管制规划要在与土

地利用总体规划做好衔接落实的同时，在不符合实际情况或产生矛盾时，认真充分地协调。

2）与环境保护规划、生态建设规划协调。村庄建设的重要内容是建设宜居的人居环境和满足农村产业发展的生态环境，在空间管制中落实环境保护规划、生态建设规划。只有充分落实环境保护和生态建设的部署和安排，才能落实生态文明、可持续发展的目标。

3）各类专项规划协调。专项规划涵盖交通、能源、水利、工业、农业和林业等规划，由于涉及部门比较多，如电力、通信、能源管道往往是涉及较大区域的设施建设的统筹安排，应在空间管制中通过限建区落实基础设施的综合廊道，以及生态涵养区等区域。

二、规划编制组织

（一）编制原则

快速发展村庄规划的各部分内容编制，应当遵照以下原则：

问题导向，负面控制，弹性发展。规划应符合快速发展村庄自然资源条件、经济社会发展状态和村庄建设水平等的现状情况，针对发展遇到的实际问题，科学确定规划目标、建设重点；严格明晰村庄发展限制性影响因素与范围，对产业项目实施负面清单管理；立足现有条件和财力可能部署建设时序，优先安排保障农民基本生活条件的项目，弹性处理近期建设和长远发展的关系。

生态优先，盘活存量，传承特色。尊重村庄与自然生态环境的结合关系，保护耕地、水系和生物等资源，节约集约利用能源，防止污染和其他公害，材料、设施选择确保安全可靠；合理布局村庄生产、生活、生态空间，盘活存量建设用地；突出自然、乡村、地域和传统文化等特色，形成与城镇区别分明的乡村空间格局，塑造美丽的村庄形象。

城乡统筹，多规协调，权责明晰。细化落实城乡互补、统筹发展理念，具体论证村庄所在区县（市）城乡总体规划、村镇体系规划、乡村建设规划中城乡基础设施联建共享、基本公共服务均等化的有关内容，综合考虑所在镇（乡）国民经济和社会发展规划与土地利用总体规划等，明确项目可行性、建设需求、实施主体与相应权责。

尊重民意，保障权益，渐进引导。坚持农民主体地位，尊重农民意愿，将村庄建设与促进农民创业就业和增收相结合；发挥村庄规划的引导作用，广泛动员农民参与村庄建设组织实施，规划方案编制评议、农房设计和后期建设管理等全过程，充分听取村民意见，保障农民决策权、参与权和监督权。

（二）编制步骤

现状调查。开展现状调查，了解村庄发展情况，一般采用普查和座谈等方法，倾听村民意见，分析村庄存在的突出问题。

基础资料收集。对村域、居民点地形图及上位规划进行收集，发放村民调查表了解民情，为规划编制提供依据。

前期分析与研究。对上位规划及区位进行分析，找出村庄发展面临的现状问题与有利形势，挖掘村庄发展特色与潜力。

规划衔接研究。对上位规划确定的村庄发展规模和用地限制等内容进行研究，提出更加易于发展的用地和设施等弹性调整方案。

村庄规划编制。结合现状调查分析情况，对村庄发展建设的关键问题进行专项研究，分析村庄快速发展动因，确定村庄规划类型，明确优势发展方向，编制村庄规划方案，广泛征求村民意见，根据村民意见修改完善，形成规划方案。

规划成果。进行规划方案报审，根据审查意见修改完善，完成规划成果。

（三）编制方法

注重深入调查。采取实地踏勘、入户调查和召开座谈会等多种方式，全面收集基础资料，准确了解村庄实际情况和村民需求。

坚持问题导向。找准村民改善生活条件的迫切需求和村庄建设管理中的突出问题，针对问题开展规划编制，提出有针对性的规划措施。

坚持统筹协调。综合考虑上位规划与区域发展对村庄的定位与要求、村庄发展实际与村民需求等多方面因素，统筹安排社会、经济、人口、用地、交通、公用工程设施、生态环境保护和文化传承等多专业内容，综合协调各专业的相互影响，确定规划方案。

创新规划内容。村庄规划的内容构成照搬城市规划，村庄规划内容繁杂，往往造成村庄规划脱离实际。村庄规划应遵循问题导向，以农房建设管理要求和村庄整治项目为重点，本着实用的原则简化规划内容。

坚持分步实施。编制村庄规划要按依次推进、分步实施的要求，因地制宜地确定规划内容和深度，首先，保障村庄安全和村民基本生活条件，其次，改善村庄公共环境和完善配套设施，有条件的可按照建设美丽宜居村庄的要求提升人居环境质量。

尊重现有格局。在村庄现有格局基础上，改善村民生活条件和环境，保持乡村特色，保护和传承传统文化，慎砍树、不填塘、少拆房，避免大拆大建和贪大求洋。

保障村民参与。建立以村民委员会为主体的村庄规划编制机制。在规划调研、编制中应采取充分措施保障村民参与，通过简明易懂的方式公示规划成果，引导村民积极参与规划编制全过程，避免大包大揽。要通过村民委员会动员、组织和引导村民以主人翁的意识和态度参与村庄规划编制，把村民商议和同意规划内容作为改进乡村规划工作的着力点。要建立村民商议决策，规划编制单位指导，政府组织、支持、批准的村庄规划编制机制。村庄规划在报送审批前，要经村民会议或者村民代表会议讨论同意。

（四）前期调研

注重地形图踏勘调研、村庄文献调研、访谈调研和问卷调研等多种调研方式的有机结合，深入了解村民意愿。

对村庄自然环境、限制性因素、社会经济人口、建设用地、农用地、基础设施、公共服务设施、住房和宅基地和历史文化等方面进行现状调查分析，为村庄规划提供基础资料。

具体调查内容应根据村庄具体情况依据下述内容进行参考选用，同时应根据村庄发展优势与产业（如工业企业带动型村庄对其产业现状、乡村旅游带动型村庄对其自然及历史状况）特色给予相应内容重点调查分析。

1）上位规划与发展思路。梳理上位规划对村庄的定位、村庄近期发展思路，明确村庄建设用地规模和管控要求、村庄居民点管控边界，核准村域内准备建设的重要市政基础设施和公共服务设施的位置、规模和建设标准，落实村庄风貌与整治分区控制要求。

2）自然环境。实地踏勘村庄地形地貌，梳理村庄与周边环境关系，掌握气候、水文、土壤、植被和地质灾害等自然生态情况，在村域范围内确定崩塌、滑坡、泥石流、采空区和地裂缝等风险性限制因素影响区，水源保护、湿地保护、风景名胜区、森林公园、永久基本农田和耕地等资源性禁限建区范围。

3）经济社会。主要包括村庄人口数量、结构、近五年变动情况，村庄主要产业、村集体企业，村民收入水平、收入构成，劳动力构成、主要就业方向，村民福利（儿童、老人、五保户和移民安置等）。

4）用地及房屋。村域土地使用现状（包括村庄建设用地和各种农用地），村庄建设用地使用现状（包括权属、质量、面积和用途等），土地、房屋租用情况，危旧房、废弃住宅、闲置宅基地所在位置，农房质量、高度与风貌。

5）市政公共服务设施。调查村内各类设施的建设与运营现状，包括行政管理、商业金融、教育文体、医疗卫生、社会福利和生产服务等公共设施，以及供水、电力、通信、网络、燃气、污水与垃圾收集处理与农田水利等市政与生产性设施。

6）道路交通。村域对外道路、村庄道路、机耕道路，机动车与农用车普及情况、外来车数量与增长趋势、停车方式与管理，路灯设施，以及公交站点布置等。

7）历史文化。村庄历史沿革、整体格局与街巷演变，历史文化价值较高的建筑物和构筑物，古树名木，以及非物质文化遗产等。

8）村民组织与村风民俗。重点了解村庄集体决策方式、民主管理公共事务范畴、有关村庄建设的村规民约、本地施工方式与建设成本、住房与院落主要形式、村民生产生活习惯和村民建设意愿与偏好等。

三、规划内容构成

（一）基本内容板块

对不同的村庄规划及其所处的发展时期，规划应在进行充分调研后，根据规划内容在乡村规划过程中不同的作用及当地实施的需求、管理的需求，在规划内容上应有所侧重，编制方法上通过细化关键内容的方式来适应当前农村的建设与发展的需求，避免规划内容过于僵化而被视为无用。故而，关注住房和城乡建设部政策导向、结合各地近年来村镇实践，可发现近期村庄规划的侧重点在于农房建设规划、乡村发展规划、村域规划、特色风貌规划与引导及村庄整治项目安排等方面，针对不同的村庄类型提出以下关键点的择选建议（表 4-1）。

表 4-1　不同村庄类型规划侧重点内容择选建议

村庄类型	主体内容			侧重点	
	农房建设规划	乡村发展规划	村域规划	特色风貌规划与引导	村庄整治项目安排
工业企业带动型	○	○	○	—	○
城镇近郊带动型	○	○	○	—	○
创意产业带动型	○	○	○	○	—
电商物流带动型	○	○	○	—	○
乡村旅游带动型	○	○	○	○	—
现代农业带动型	○	○	○	—	○

注：“○”代表应选，“—”代表不选

遵循分类指导原则，制定了以基本编制内容为主体，以村庄整治和特色风貌引导等具有针对性的规划内容为增补的快速发展村庄规划体系，以适应快速发展村庄的特点与发展需求，指导村庄协调、可持续、特色化发展。

（1）基础性编制内容

快速发展村庄规划应包括村域规划、乡村发展规划和村庄与农房建设管理三项基础性编制内容。

村域规划：包括资源环境评估、发展目标与规模、多规衔接（多规合一）规划和空间管制等基础内容。

乡村发展规划：主要内容为村庄产业发展规划。

村庄与农房建设管理：包括村庄建设用地布局、公共服务设施规划和基础设施规划等内容。

（2）可选性规划内容

按照快速发展村庄的特色与实际需求，视实际需要选择性增加村落特色风貌规划与引导、村庄整治项目安排（近期行动计划）和规划实施保障等规划项目，针对村庄特征可进一步扩充村庄历史文化文化保护规划和村庄安全与防灾减灾等特色规划内容。

（二）各项内容侧重

基于上述考虑，本书在附录中提出《快速发展村庄规划编制技术措施》，包括十一章内容。

第一章，包括政策依据、适用范围、指导思想、核心解决问题、与上位规划和现行技术规范关系等内容。规划应以新时代中国特色社会主义思想为指导，规划近期立足于全面建成小康社会，最终实现乡村振兴五项要求（产业当先）；将县（市）域乡村建设规划与城市总体规划一同作为上位规划，坚持简化、管用、抓住主要问题（农房建设管理、村庄整治）。

第二章，包括编制提出、编制主体、编制单位、编制审批与实施。编制单位不限于有规划资质的设计院，鼓励大专院校参与，不违背《城乡规划编制单位资质管理规定》“省、自治区、直辖市人民政府城乡规划主管部门可以根据实际情况，设立专门从事乡和村庄规划编制单位的资质”；强调了村委会、村民会议、村规民约在规划编制实施过程中的角色和作用。

第三章，包括规划内容构成、入村调查要求、规划原则、村民参与。将弹性发展、多规协调、注重生态和特色写入规划原则；强调了前期入村调查、村民全程参与的重要性。

第四章，包括村域规划内容构成、各部分规划要点。将村庄人口规模、建设用地总量、村庄居民点管控边界、重要基础设施和公共服务设施提升到县（市）域乡村建设规划中完成；考虑到与《村庄规划用地分类指南》中“非村庄建设用地”的衔接；强调村域非建设用地的农业生产设施规划。

第五章，包括村庄发展指引内容构成、各部分规划要点。对快速发展村庄，增加发展指引的规划篇幅，特别突出产业发展策略的重要性；快速发展村庄规划不应脱离服务村民的本质，建议村庄发展定位突出村庄的地域特色和本土文化，加强近期发展目标指引；考虑到村庄发展有时存在被动性，建议村庄发展定位弱化对职能分工和产业定位的具体描述，提出产业发展负面清单，鼓励村庄产业方向创新开放；考虑到村庄与区域的联动性，增加规划衔接与政策整合内容。

第六章，包括村庄与农房建设内容构成、各部分规划要点。对村庄建设用地，增加规划深度，提出每类用地内适建、不适建或者有条件地允许建设的建筑类型，确定可建设地块的控制指标；考虑到村庄用地权属，强调宅基地总量预测、宅基地边界确定、农房四至和层数指引。

第七章，包括村庄整治内容构成、各部分规划要点。实际编制时，村庄整治内容和深度应因地制宜，做到依次推进、分步实施；将整治内容分为保障村庄安全和村民基本生活条件、改善村庄公共环境和配套设施两个方面，与《村庄整治规划编制办法》保持一致。

第八章，包括特色风貌规划内容构成、各部分规划要点。强调与上位规划确定的县市域乡村风貌规划分区相衔接，避免村庄风貌偏离本地特色；考虑到权属对规划实施的影响，区分村庄公共空间、村民自家庭院的风貌指引策略；突出村庄绿化内容，与全国绿色村庄创建工作方向一致。

第九章，包括规划应明确的实施保障重点工作。从编制内容和形式上，加强规划实施保障的实用性、针对性；将规划实施责任人的任命写入村庄规划；有条件的村庄可以编制规划实施项目库，委派规划监管负责人；鼓励规划建设协管员和乡村规划师等制度。

第十章，包括成果表达要求、成果内容要求。快速发展村庄的建设行为相对较多，建议成果仍应包括说明书、图件、附件；为减少不必要图纸，将其分为规定性、建议性两类；附件中强调近期建设项目、村民意见反馈两部分内容。

第十一章，包括适用范围扩展、成果要求补充说明、乡村建设规划许可管理范围。村庄规划不仅限于行政村编制，规模较大的快速发展型自然村，如有规划需求，也可参照编制。

第二节　村域规划编制

一、规划主要内容

村域规划涉及行政村范围内的土地利用、基础设施和农业生产设施等规划布局。

（一）村域土地利用规划

1. 现行标准要求

《村庄和集镇规划建设管理条例》要求村庄总体规划应包括村庄的“布点、位置、性质、规模和发展方向”。

现行的《村庄规划用地分类指南》，将村庄规划用地分为“村庄建设用地”“非村庄建设用地”“非建设用地”三大类，下含 10 个中类、15 个小类。其中，“非建设用地”中的“农林用地”做出了细分，“设施农用地”作为一部分村庄快速发展的重要支持，被单独列为一个小类；村庄范围内的对外交通设施用地和国有建设用地列为“非村庄建设用地”，不作为村庄建设管理重点。

2. 编制调整依据

在《住房城乡建设部关于改革创新、全面有效推进乡村规划工作的指导意见》（建村〔2015〕187 号）提出，要坚持县（市）域乡村建设规划先行，建立以县（市）域乡村建设规划为依据和指导的镇、乡和村庄规划编制体系。“到 2020 年，全国所有县（市）要完成县（市）域乡村建设规划编制或修编”。县（市）域乡村建设规划的 6 项必要内容，包括“乡村体系规划，应预测乡村人口流动趋势及空间分布，划定经济发展片区，确定村镇规模和功能”，以及“乡村用地规划，应划定乡村居民点管控边界，确定乡村建设用地规模和管控要求”。

考虑到与县（市）域乡村建设规划的规划管理衔接，建议将村域规划原有的村庄人口规模、建设用地总量和村庄居民点管控边界等内容，提升到县（市）域乡村建设规划中完成，村域土地利用规划重点关注县（市）域尺度乡村空间管控边界的核对、细化和落实。

另外，为了有效指导村域现代农业项目建设，建议重视对村域非建设用地的范围划定、规模统计和项目布局。

3. 建议规划内容

建议村域土地利用规划的编制内容，应包括以下三个方面：

1）依据《县（市）域乡村建设规划》等上位规划确定的村庄人口规模、建设用地总量、村庄居民点管控边界，结合村庄实际情况适当予以调整，确定规划期内村域建设用地规模。

2）细化落实村庄居民点控制线、基本农田保护控制线和生态控制线等管控范围，划定村域内各类建设用地（含对外交通设施用地和国有建设用地）。

3）对村域水域和农林用地等非建设用地进行细分，利用农村"四荒"（荒山、荒沟、荒丘、荒滩）资源发展多种经营，合理布置村域农业及畜禽水产养殖、场院及农机站库、各类仓储和加工设施与农家旅游等生产经营设施用地。

（二）村域基础设施规划

1. 现行标准要求

《中华人民共和国城乡规划法》要求，村庄规划内容应包括"规划区范围，住宅、道路、供水、排水、供电、垃圾收集、畜禽养殖场所等农村生产、生活服务设施、公益事业等各项建设的用地布局、建设要求"。

《村庄和集镇规划建设管理条例》要求村庄总体规划应包括"村庄和集镇的交通、供水、供电、邮电、商业、绿化等生产生活服务设施的配置"。

《村庄规划用地分类指南》将村庄道路、村庄交通设施、村庄公用设施的用地，统称为"村庄基础设施用地"。

2. 编制调整依据

根据《住房城乡建设部关于改革创新、全面有效推进乡村规划工作的指导意见》（建村〔2015〕187 号），县（市）域乡村建设规划的 6 项必要内容包括"乡村重要基础设施和公共服务设施建设规划，应确定乡村供水、污水和垃圾治理、道路、电力、通讯、防灾等设施的用地位置、规模和建设标准，依据农民生活圈配置教育、医疗、商业等公共服务设施"。

因此，建议村域规划原有的重要基础设施和公共服务设施等内容，由《县（市）域乡村建设规划》中完成。

3. 建议规划内容

建议村域基础设施规划的编制内容，应包括以下三个方面：

1）对村域范围内的现状道路与基础设施建设和使用情况进行评价。

2）落实《县（市）域乡村建设规划》等上位规划确定的村域道路系统（含

机耕路）、主要交通设施（公交场站、停车场等）、供水、污水、垃圾治理、道路、电力、通信、防灾减灾和（新）能源等区域基础设施的空间布局、规模及建设标准。

3）根据现有条件、实际需求和村民意愿，规划确定建设时序与各时期建设重点。

（三）村域农业生产设施规划

1. 现行标准要求

《中华人民共和国城乡规划法》要求，村庄规划内容应包括“畜禽养殖场所”等农村生产设施建设的用地布局、建设要求。

《村庄和集镇规划建设管理条例》要求村庄建设规划应对村庄的“生产配套设施作出具体安排”。

《村庄规划用地分类指南》将独立占地的用于生产经营的各类集体建设用地定为“村庄产业用地”，其下分为“村庄商业服务业设施用地”和“村庄生产仓储用地”；将直接用于经营性养殖的畜禽舍、工厂化作物栽培或水产养殖的生产设施用地及其相应附属设施用地，农村宅基地以外的晾晒场等农业设施用地定为“设施农用地”；同时，在“坑塘沟渠”用地中，包含提水闸和水井等农业水利设施。

2. 编制调整依据

农业生产设施对现代农业发展至关重要。根据《国务院关于印发全国农业现代化规划（2016—2020年）的通知》（国发〔2016〕58号），对粮食主产区，应“开展农田灌排设施、机耕道路、农田林网、输配电设施、农机具存放设施和土壤改良等田间工程建设，大规模改造中低产田”，“因地制宜实施田间渠系、五小水利等工程”，推进高标准农田建设；对种养结合区，应“改善养殖和屠宰加工条件，完善粪污处理等设施，推进循环利用”。特别对农业主导的快速发展村庄，更应注重农业生产设施在全村域的规划布局。

3. 建议规划内容

建议村域农业生产设施规划的编制内容，应包括以下三个方面：

1）确定农机站、设施园艺、晾晒场、打谷场的选址、规模、布局，整治占用乡村道路晾晒和堆放等现象。

2）确定畜禽养殖场、水产养殖场、特种养殖设施的选址、规模、布局，推进规模化畜禽养殖区和居民生活区的科学分离。

3）确定农产业加工设施的选址、规模、布局。

二、规划技术要点引导

（一）明确村庄发展本底条件

1. 评估资源环境价值

综合分析自然环境特色、聚落特征、街巷空间、传统建筑风貌、历史环境要素和非物质文化遗产等，从自然环境、民居建筑和景观元素等方面系统地进行村庄自然、文化资源价值评估。

2. 提出发展目标与规模

依据县（市）域总体规划、镇（乡）总体规划、镇（乡）域村庄布点规划及村庄发展的现状和趋势，提出近、远期村庄发展目标，进一步明确村庄功能定位与发展主题、村庄人口规模与建设用地规模。

3. 衔接落实多规要求

以行政村村域为规划范围，以土地利用现状数据为编制基数，按照“多规合一”的要求，加强村庄规划与土地利用规划的衔接，明确生态用地、农业用地、村庄建设用地、对外交通水利及其他建设用地等规划要求，重点确定村庄建设用地边界及村域范围内各居民点（村庄建设用地）的位置、规模，实现村庄用地“一张图”管理。

4. 划定刚性控制线

村域建设用地控制线。以控制建设开发强度为导向，考虑村域建设用地发展的刚性和弹性，划定村域建设用地控制线，并明确相关管控要求和措施。

基本农田保护控制线。依据土地利用规划所明确的基本农田的分布与规模，划定基本农田保护线，并明确相关管控要求和措施。

生态保护红线。依据土地利用规划划定的生态保护红线范围，结合村域生态用地的调查摸底，细化落实生态红线范围，并对村域内的各类生态用地实行分级保护，分别制定相关管控要求和措施。

紫线。以历史文化遗产保护的相关要求为依据，划定村域历史文化遗产的保护界线，并实行分级保护，明确相关管控要求和措施。

区域重大设施控制线。以相关规划为依据，划定区域交通设施用地、公用设施用地控制线，并明确相关管控要求和措施。

其他重点控制线。

（二）构建村域空间发展结构

依据村域发展定位和目标，以路网、水系和生态廊道等为框架，明确“生产、生活、生态”三生融合的村域空间发展格局，明确生态保护、农业生产、村庄建设的主要区域。

在快速发展过程中，应充分结合村民生产生活方式，在村域范围内对村庄各类规划用地进行合理安排，使村庄布局有利于农业生产，方便村民生活，体现村庄特色。

1. 整合各类可利用空间资源

村庄建设用地规划布局应在现状基础上，推进村庄边缘及农村土地整治，充分利用原有土地进行挖潜。

※广西壮族自治区民安镇村庄内荒废宅基地与集体土地合理利用

面对村庄居民点布局散乱、闲置宅基地未能得到有效盘活和土地利用效率低等问题，《广西民安镇乡村规划》采取分类对待的方式，将位于村庄边缘区的闲置宅基地复垦为耕地，由村集体经济组织优先承包给原宅基地使用权人耕种；将位于村庄中心区的闲置宅基地，进行统一规划整治并进行功能置换，用于卫生、养老、文化、体育及绿地等公共基础和服务设施建设；对区位和交通条件相对较好的闲置宅基地进行整体拆除，在原址上科学规划、建设新村（图 4-1）。

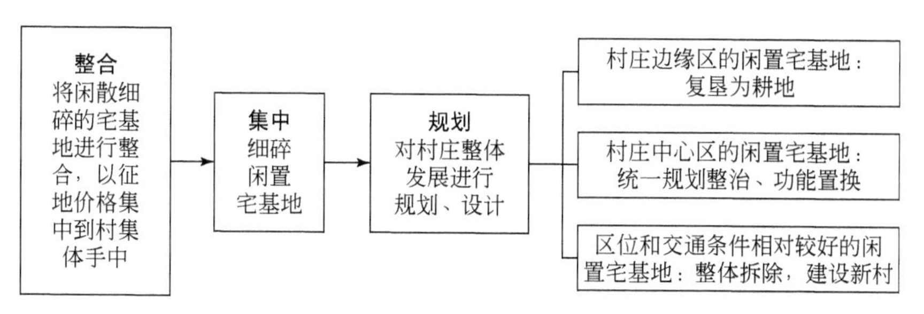

图 4-1　广西壮族自治区民安镇闲置宅基地规划治理路径

资料来源：段德罡等，2017

2. 谨慎论证新增空间需求

新建村庄用地应充分勘察调研，进行适用性评价，综合考虑各类影响因素。切忌顺产业需求盲目随意批建。

生产、生活、生态空间区别开来，以现有生活空间为基础，通过技术手段融入生态因素，生产空间的布局不影响生活、不毁坏生态。

村庄建设用地应选择在水源充足，通风、日照和地质地形条件适宜的地段，宜选择荒地、薄地，禁止占用基本农田，少占或不占耕地、林地和其他农林用地，应避开洪水、风口、滑坡、泥石流和地震断裂带等自然灾害影响的地段，并应避开自然保护区、有开采价值的地下资源和地下采空区。同时，应尽量避免被铁路、高等级公路、高压输电线路及其他重要设施穿越，如不可避免，需遵守国家有关专业规范执行。

3. 长远调配产业用地结构

对村庄特色产业或工业商业用地，考虑其发展潜力适当增加其用地规模比例。可通过对比类似村庄建设用地中不同类别用地规模比例来确定本地用地规模。设施农用地的选址应方便田间运输和管理；饲养场地应满足卫生和防疫要求，宜布置在村庄常年盛行风向的侧风位，以及通风、排水条件良好的地段，并应与村庄保持防护距离。

（三）管控村建设用地规模

1. 建设用地规模控制和集约利用

避免以建设用地投入为拉动经济的主要甚至唯一动力，做好建设用地规模控制和集约利用的长期战略准备。利用卫星及地理信息系统等现代技术手段对村庄范围内的土地进行管理，建立土地动态监控体系，实现村域状态全覆盖。

※甘肃省临潭县生态文明小康村

首先，对村庄集体建设用地进行梳理，挖掘村庄建设用地存量现状；其次，通过对未利用的集体土地进行效益评估，得出土地最适宜的利用方式；进而根据村庄发展及村民需求进行土地用途转变，并对用地规模严加控制，提高土地的利用效益。例如，在交通区位良好且具有商业发展潜力的地段进行商业设施的布局，同时根据村庄发展需求及商业规模现状提出商业类型及用地规模的限制。土地利用效率的提高和科学合理配置土地用途，能够有效避免用地浪费，促进村庄的集约式发展。

资料来源：段德罡等，2017

2. 加强土地制度改革，盘活现有建设用地

鼓励地方适当探索集体建设用地、宅基地流转制度，探索建立城乡统一的建设用地市场，实现农村宅基地退出与盘活。推行建设用地“扩容指标”制度，限制新增指标。优化现有建设用地与产业用地，在不影响村民舒适度的前提下适当调整居住用地。

通过存量更新提高用地效率。以“填空补实”思路进行布局，对村内限制、使用不合理的用地进行盘活加以利用。

3. 推行土地确权，加快土地整理

通过土地整理来交换农户间土地、减少碎片化农田、修建道路、优化土壤和水质，以建立高效的现代农业，实现产权关系明晰的规模化经营。

※日本等国的土地调整

日本、荷兰及德国等国家，都通过调整耕地形态及结构的办法，将原来狭小分散不适于农业耕作的土地，通过土地承包与流转，使耕地结构趋于完整（图 4-2），便于实现机械化操作及改善农业水利基础设施。

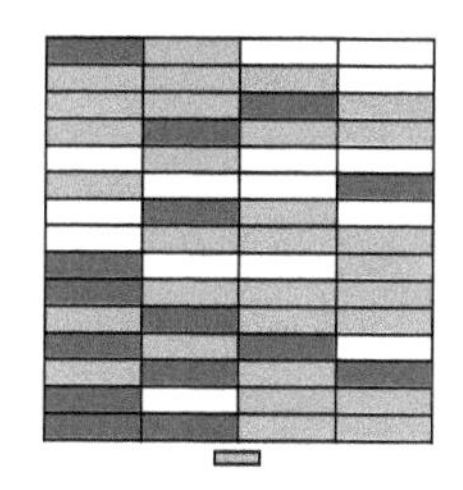

(a)分散交错的农地利用

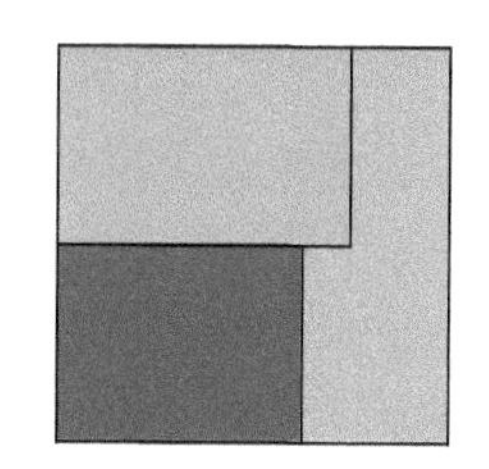

(b)集中个人农地统一规划

图 4-2 日本农田整治与土地重划示意图

进行土地确权，推进土地整理和流转。确定集体土地所有权和集体建设用地使用权，需按照勘测定界、权属清理、审查确认、现场公示、登记发证的基本步骤，分区域、按计划进行。

※四川省都江堰市柳街镇土地确权管理

都江堰市柳街镇的鹤鸣村是全国范围内第一个完成集体土地确权的村庄，通过土地确权的一系列工作程序，农民获得了《农村土地承包经营权证》，解决了支配权的归属问题。土地确权之后，土地作为生产要素得到了自由支配和流动，拓宽了农民的收入渠道，增强了农村的经济活力。

4. 居民点布局与用地规模控制

在临近城市地区，可通过推进各类用地优化重组、控制用地规模的方式推进土地的集约节约利用。

（1）村域居民点布局

在靠近城市的农村地区，推进产业用地与农村居民点重组。在现状居民点空间特征与发展趋势特征的判读基础之上，结合村民意愿征询、现状各居民点发展综合评价和建设用地适宜性评价等方面，确定居民点的发展类型，分别为保留控制型、保留发展型、迁并型与新建型，进行村域居民点优化重组。

（2）居民点用地规模

由于现行的人均建设用地规划指标的体系缺失，唯一的依据《村镇规划标准》（GB 50188—93）被废止，而各地的标准差异性较大，居民点的用地规模应因地制宜地进行考量。

对保留居民点，人均建设用地面积不超过现状为宜；对迁并或新建居民点，人均建设用地面积建议结合上位规划中分配的指标，并参考地方标准制定。农村居民点用地规模需综合考虑县域土地利用增加挂钩等多种因素进行确定。

5. 以产业转型优化用地规模

建立第二、第三产业协调拉动经济增长的现代产业体系，实现建设用地结构和规模的合理化。例如，工业企业带动型村庄以发展先进制造业为方向和重点加快转型升级，乡村旅游带动型村庄应加快旅游服务质量提升和其他产业结构调整，发展现代服务业加快服务业转型升级。

（四）落实基础设施配置

1. 村域道路交通规划

村域道路交通规划内容主要包括村域道路交通设施现状调查、村域干路网规划、村域道路线路及绿化和公共停车场等场所规划及客车停靠点规划等。

对外交通规划：①明确村域主要对外出入口、主要对外道路、过境道路。特别注意村域内铁路、高速公路、国道、省道和县道等道路的走向、主要出入口的位置与村域之间的关系。②根据现状道路，规划村域对外主要道路连接口。如有需要，可规划村域内道路与铁路站点、高速公路出入口的连接线。③进一步确定村域内道路，尤其是村庄内道路与对外主要交通道路的连接方式、接口形式。

道路规划：①调查村域道路交通设施现状，包括道路等级与联系方向等。②根据现状道路，确定村域干路网络，确定村域道路主要出入口方向。③确定村域内赶路的线路方向，确保每个自然村均通公路，并保证重要节点，如旅游景点的交通可达性。

道路工程与景观规划：①确定道路宽度，满足回车要求，旅游型村庄满足旅游车辆通行要求；确定路面铺装与道路硬化规划。②进行沿街绿化、道路照明规划及道路安全防护。

公共交通及停车规划：①规划村庄公共交通或长途客车停靠点，围绕居民招呼站和停靠点等建设公共停车场。②设置农具存放点。③如有旅游景点，需注意对旅游停车进行规划。

※安徽省凤阳县小溪河镇小岗村道路系统规划

规划保持原有乡村特色，不盲目追求宽马路，除过境道路以外，主干路路面最宽为6～9米；满足小汽车和农用机车通行的基本要求，宅前路设置4米宽。

考虑到旅游需要，在游客集散中心、当年小岗和沈浩墓等景区设置了公共停车场。另外，考虑到村民农用机动车及农机具的存放需要，还设置多处农机具存放点。

2. 村域基础设施规划

村域基础设施规划应遵循可持续发展、节能集约的原则，充分考虑各项基础设施综合循环配置的可能性，减少基础设施建设给环境带来的负担。

村域供水工程规划：①依据村域面积、地下水及地表水资源状况确定各居民点供水系统形式。如需选择村庄水源地，应划定水源保护范围。②建设小型集中式供水工程，敷设输配水管网，实现单村、联村或连片供水。③灌溉用水可采取地表水、地下水及生活用水净化。

村域排水工程规划：①雨水、洪水处理。少水地区，建设简易集雨水设施；多雨地区，保护荷塘水系和湿地，建立雨水补给系统。洪涝防治，确定防洪涝灾害标准，建设堤防与排涝设施，预留自然泄洪通道。②污水处理。根据现状及村庄所在地区的水资源情况确定污水处理方法。建立生态化、综合处理设施，考虑污水处理综合利用途径。

村域供电工程规划：①电力设施。建设水电、风电和太阳能等清洁能源。根据规划计算电力负载，确定变电站配电变电房的位置和容量。规划电力线走廊，改进农村电网，提高供电安全性和经济性。②清洁能源利用。推动太阳能、液化石油气的利用，推动采暖煤炉的能效提升与环保升级。

村域通信功能规划：包括电信工程规划、邮政工程规划及广播电视工程规划。

村域垃圾处理：①垃圾以分类处理为主。提高垃圾的可再生利用率。②确定垃圾收集方式、收运设置。③对垃圾进行无害化处理。

村域综合防灾规划：①根据村庄特点、分析各类灾害的形式及发展趋势，对防灾设施现状进行评价，并选择主要灾害类型提出防灾规划原则、设防标准及防减灾措施。②确定消防、防洪排涝、地质灾害防护和抗震救灾等防灾减灾措施。③确定其他地域性常见灾害的防灾减灾措施。

第三节 村庄发展指引编制

一、规划主要内容

村庄发展指引的基本内容是产业发展策略，根据实际需求可增加村庄发展定位、近期发展目标、规划衔接与政策整合研究内容。

（一）村庄发展定位与目标

1. 现行标准要求

《村庄和集镇规划建设管理条例》要求村庄总体规划应包括村庄的“性质、规模和发展方向”。

《美丽乡村建设指南》（GBT 32000—2015）提出三条基本要求，一是“制定产业发展规划，三产结构合理、融合发展，注重培育惠及面广、效益高、有特色的主导产业”；二是“创新产业发展模式，培育特色村、专业村，带动经济发展，促进农民增收致富”，三是保证“村级集体经济有稳定的收入来源，能够满足开展村务活动和自身发展的需要”。

2. 编制调整依据

快速发展村庄规划依然不应脱离服务村民的本质，建议村庄发展定位突出村庄的地域特色和本土文化，加强近期发展目标指引；考虑到村庄发展有时存在被动性，建议村庄发展定位弱化对职能分工和产业定位的具体描述。

3. 建议规划内容

建议村庄发展定位与目标的编制，应包括以下两个方面内容：

1）明确村庄发展定位，根据村庄现状条件和上位规划要求，弱化对职能分工和产业定位的具体描述，突出村庄的地域特色和本土文化，激发村民乡情归属。

2）结合村庄发展定位和近期发展方向，从人居环境改善、人均收入提高、村民福祉增进和管理机制完善等方面，提出村庄近期发展的具体目标。

（二）产业发展策略

1. 现行标准要求

《美丽乡村建设指南》（GBT 32000—2015）对村庄农业、工业、服务业发展，分别提出了原则性建议要求。农业要“发展种养大户、家庭农场、农民专业合作社等新型经营主体";"发展现代农业,积极推广适合当地农业生产的新品种、新技术、新机具及新种养模式,促进农业科技成果转化;鼓励精细化、集约化、标准化生产,培育农业特色品牌";"发展现代林业,提倡种植高效生态的特色经济林果和花卉苗木;推广先进适用的林下经济模式,促进集约化、生态化生产";"发展现代畜牧业,推广畜禽生态化、规模化养殖";"沿海或水资源丰富的村庄,发展现代渔业,推广生态养殖、水产良种和渔业科技,落实休渔制度,促进捕捞业可持续发展"。工业要"结合产业发展规划,发展农副产品加工、林产品加工、手工制作等产业,提高农产品的附加值";"引导工业企业进入工业园区,防止化工、印染、电镀等高污染、高能耗、高排放企业向农村转移"。服务业"依托乡村自然资源、人文禀赋、乡土风情及产业特色,发展形式多样、特色鲜明的乡村传统文化、餐饮、旅游休闲产业,配备适当的基础设施";"发展家政、商贸、美容美发、养老托幼等生活性服务业";"鼓励发展农技推广、动植物疫病防控、农资供应、农业信息化、农业机械化、农产品流通、农业金融、保险服务等农业社会化服务业"。

2. 编制调整依据

快速发展村庄,一定离不开产业支撑,因此,将产业发展策略作为快速发展村庄规划的必要内容。从经济效益、分配模式和生态影响等多角度对村庄产业进行专业分析和规划指引,提出产业发展负面清单,避免急功近利,鼓励村庄产业方向创新开放,既要保障村庄产业和集体经济今后持续健康发展,也要确保大多数村民能够从发展中获益。

3. 建议规划内容

建议村庄产业发展策略的编制内容,应包括以下三个方面:

1)在具体分析村庄的生态环境要求、可利用土地情况和与现状农业资源兼容性等方面的基础上,提出村庄产业发展负面清单。

2)以创新开放的产业发展方向延伸农业产业链,拓展农业多种功能,大力发展适宜农村的新产业和农业新型业态。

3)制定产业近期发展计划,遵循生态友好、空间集聚、用地高效的前提,明确产业类项目建设时序、空间选址、用地与设施需求。

(三)规划衔接与政策整合

1. 现行标准要求

《中华人民共和国城乡规划法》要求,村庄规划编制"应当依据国民经济和社会发展规划,并与土地利用总体规划相衔接"。

《住房城乡建设部关于改革创新、全面有效推进乡村规划工作的指导意见》(建村〔2015〕187 号）指出，“村庄内许多建设项目如供水、道路、能源、垃圾收集转运处理等的决策权不在村里，而在县（市）”，因此，村庄规划要以《县（市）域乡村建设规划》为直接依据。同时在《县（市）域乡村建设规划》6 项必要内容中，也强调了建设规划与其他规划的衔接，乡村建设规划目标应制定落实乡村建设决策的 5 年行动计划和中远期发展目标，5 年行动计划应纳入县（市）国民经济和社会发展“十三五”规划。

2. 编制调整依据

以往编制村庄规划，往往只研究本镇本村的发展需求，忽视了规划决策权属及上级政策资金支持的重要性，部分规划策略得不到实施保障。考虑到村庄与区域的联动性，建议增加规划衔接、政策整合两部分内容。

3. 建议规划内容

建议村庄规划衔接与政策整合的编制内容，应分析上位规划对村庄用地规模、产业发展和设施配套等内容要求。依据自身现状发展方向与发展速度，对照上位规划，发现其限制或不相适应的内容，在符合县（市）域乡村建设分区管控要求的前提下，提出与上位规划衔接过程中的延续内容和政策弹性调整空间，确立更加合理的用地、设施、产业规划方向。

二、规划技术要点引导

（一）确立村庄产业发展方向

1. 坚持村庄产业原则

1）生态保护原则。产业发展贯穿生态发展理念。第一产业发展生态农业，合理施用农药、化肥，强化治理养殖业；第二产业加强工业产业入园，淘汰污染严重企业，加强三废治理；第三产业控制废弃物排放，加强环保技术设施建设。

2）避免趋同原则。加强产业发展区域协调与比较优势研究，重点研究村庄特色产业，使本村产业与周边村庄发展形成联动规模效应。

3）量力而行原则。规划依据村庄基础条件，客观制定规划，遵循渐进原则，保证村庄健康发展。

2. 发掘本土产业特色

产业发展目标确定需要充分考虑当地村民意愿、村民接受程度和可实现程度，以农业土地适度规模经营为基础，采取可持续发展策略，拓展、延伸产业链，多元化发展，积极开展循环经济。

明确村庄优势（特色）产业，及该优势（特色）产业的发展目标，明确产业体系内的层级，以及不同类型产业在产业体系内的职能作用。

确定重点发展的主导产业、产业定位与发展策略。

确定其他产业的定位与发展策略及其与重点发展产业的协作关系。

※安徽省凤阳县小溪河镇小岗村规划突出特色产业

突出农业资源优势与红色文化优势，以现代农业与红色旅游为主导产业。

一是发展现代农业：在稳定和发展粮食生产的基础上，加快发展畜牧、水果、蔬菜及黑豆等特色农业，延伸农产品加工，实施小岗品牌战略。

二是打造旅游亮点：提升现代红色旅游精品，培育会议会展博览业态，配套发展乡村休闲农业。

（二）划定重点产业空间布局

1. 勾画村域产业空间结构

村域产业空间结构是村域产业定位与发展策略的空间化成果，需要在产业定位与发展策略的基础上充分考虑区位、地形、地势、河流水系、作物种植和现状空间结构等因素的综合影响。

1）确定重点发展的主导产业在空间结构中的位置及与其他相关产业的空间关系。

2）确定各主导产业间的空间规模、定位和相互关系。

2. 确定重点产业用地选址与规模

村域产业用地布局首先要注重对基本农田的保护，尽可能减少对生态环境的影响。不同于城市建设用地布局，村域产业用地布局，尤其是农业产业布局，在保证合理性、可操作性的基础上，保持一定灵活性。

1）对村域产业结构的具体落位。

2）重点主导产业的用地规模、范围。

3）其他产业的用地规模、范围及与主导产业的空间关系。

（三）引导涉农三次产业融合

从多层面建立评价体系和选择指标，运用多种分析方法进行综合评价，第一、第二、第三产业融合的进程与质量评级可参考农业产业化、农业多功能拓展、农业可持续发展及城乡一体化等内容评价的指标和方法。

1. 跨产业融合路径选择

第一产业与第二产业融合。利用工业上的工程技术、装备、技术和设施等改造传统农业，采取企业化、机械化、自动化控制与管理方式，发展工厂化、集约化的高效农业。典型业态是生态农业、精准农业、智能农业和植物工厂等。适用于农业发展带动型村庄。

第一产业与第三产业融合。一是服务业向农业渗透。利用农业景观资源和生产条件，开发为市民观光、休闲和旅游等服务的休闲农业；发挥互联网的扩散优势，发展提高农产品销售量的农产品电商服务业；二是以农业和农村发展为主题，以论坛、研讨会、博览会、交易会和节庆活动等形式展现会展农业。此模式适用于多种发展动因及模式的快速发展村庄。

第二产业与第三产业融合。一是第二产业向第三产业拓展的工业旅游业，是以工业生产过程、工厂风貌、工人工作生活场景为主要参观内容，开发的旅游活动项目。二是第三产业的文化创意活动带动加工。通过创意、加工和制作等手段，把农村文化资源转换为各种形式的产品，在满足人们日益增长的精神文化需求的同时创造了巨大的经济效益。例如，北京怀柔区红庙村，通过发展红灯笼产业，带动了农村经济发展。此模式适用于第二产业、第三产业具有一定基础或特色的村庄。

※浙江省丽水市缙云县北山村

缙云县北山村属于电商物流带动型村庄。目前北山村所售产品以户外用品为主，与本地的农产品基本没有联系。由于产业过于单一和产业链过短等因素，北山村村民面临着同质化竞争的问题。

规划应立足县域层面，尝试发展“淘宝镇”等更大的电子商务集群，进一步完善相关产业链，注重产业之间的互动协调发展，探索出新型的复合式发展道路。例如，针对北山村，可以由户外用品的设计、制造、销售，到乡村旅游业、酒店服务业和金融业等各方面，形成完整产业链。

资料来源：郑越等，2016

第一、第二、第三产业融合。农村三次产业联合开发的生态休闲、旅游观光、文化传承和教育体验等多种功能，使三次产业形成“你中有我，我中有你”的发展格局。典型业态有农产品物流、智慧农业、食品加工厂观光和酒庄观光等，以及以产业集群形式发展的“一村一品”“一乡（县）一业”和特色村庄等。

※四川省武胜县白坪-飞龙新农村示范区

武胜县白坪-飞龙新农村示范区产业发展政策为“三次产业融合、产业兴村、城乡互动”。乡村以第一产业为本底，带动农副产品加工，发展乡村旅游，实现三次产业联动。第一产业以“三园一基地”为基础，做优品质；第二产业服务第一产业，做长产业链；第三产业立足第一产业，做强乡村旅游。

资料来源：陈俊红等，2017

2. 同类产业融合路径选择

第一产业内部融合。一是产业链前延后展。以农业为中心，向生产前向和生产后向延伸链条，尽可能把种子、农药、肥料供应及农产品加工和销售等环节纳入农业生产体系内部，提升农业价值链。二是农业内部种植业、养殖业和畜牧业等子产业在经营主体内或主体之间建立起产业上下游之间的有机关联，形成相互衔接、循环往复的发展状态。典型业态有立体农业、林下经济和循环农业等。适用于农业发展带动型村庄。

第三产业内部融合。方式一：通过挖掘农村生态、历史遗产、地域人文、乡村美食资源，将其与自然、文化和社会等要素进行创意性配置组合，形成以创意促农村产业发展的模式，如北京怀柔区庙上“红色文化村”、慕田峪长城国际文化村、杨宋仙台影视拍摄村和新王峪陶艺村等文化创意产业专业村。方式二：通过深化农村集体经济产权制度改革，创新多元化资产经营方式和机制，实现农村集体资产保值增值，保障农民集体收益分配权。例如，门头沟在全国率先试点农村集体资产信托化经营管理工作，增强农村集体经济的发展活力。对生态旅游发展型村庄，应抓准村庄特征，将旅游产业与本地特色相结合，开发旅游衍生产品，如农产品加工包装和特色手工艺产品规模生产等，打造品牌，促进三次产业融合。

第二产业内部融合。第二产业内部的各类行业的融合一直存在，如石油开采与加工、矿产开采与加工等，内部产业链的延伸提高了生产效率。因农村地区的工业相对不发达，此种情况可重点关注与农业有关的产业。同时，对工业企业带动型村庄，应正视农村产业发展与劳动力特征，长期、稳步推进产业集中与提升和产业链条延伸。

第四节　村庄与农房建设管理编制

一、规划主要内容

（一）村庄建设管理

1. 现行标准要求

《中华人民共和国城乡规划法》要求，村庄规划重点在于“规划区范围内，住宅、道路、供水、排水、供电、垃圾收集、畜禽养殖场所等农村生产、生活服务设施、公益事业等各项建设的用地布局、建设要求，以及对耕地等自然资源和历史文化遗产保护、防灾减灾等的具体安排”。

《村庄和集镇规划建设管理条例》要求村庄建设规划应在村庄总体规划指导下，具体安排村庄的各项建设，“主要对住宅和供水、供电、道路、绿化、环境卫生以及生产配套设施作出具体安排”。

2. 编制调整依据

由于快速发展村庄与一般村庄相比，建设用地有扩张趋势，建议增加规划深度。为了适应各类建设主体的不同模式，不宜对建筑性质做出严格限定，参考城镇控制性详细规划做法，提出村庄内各类用地内适建、不适建或者有条件地允许建设的建筑类型，确定可建设地块的控制指标，作为乡村建设规划许可管理审批依据之一，在满足建筑类型和控制指标前提下给予建设主体充分的自由度。

村庄用地权属决定了村民个体在村庄建设过程中的重要作用，快速发展时期个体建设行为冲突变多，因此，建议在规划中加强宅基地总量预测、宅基地边界确定，合理划定公共空间与私人空间界限，通过规划从总量和边界两方面约束村民个体建设行为。

3. 建议规划内容

建议村庄建设管理的编制，应包括以下四方面内容：

1）对村庄建设用地进行布局，并在此基础上进行村庄公共服务设施与基础设施规划，如有必要应增加村庄安全与防灾减灾规划、村庄历史文化保护规划和村庄绿化景观规划等内容，并提出近期行动计划与经济技术指标和近期实施项目投资估算。

2）在村庄居民点控制线范围内，确定不同性质用地的界线，确定各类用地内适建、不适建或者有条件地允许建设的建筑类型。

3）确定各地块建筑高度和建筑密度等控制指标，重点地块应提出建筑、道路和绿地等的空间布局和景观规划设计方案。

4）预测宅基地总量，明确各户宅基地边界，提出新增、退出宅基地划分方案。

（二）农房建设管理

1. 现行标准要求

《美丽乡村建设指南》（GBT 32000—2015）要求，“新建、改建、扩建住房与建筑整治应符合建筑卫生、安全要求，注重与环境协调；宜选择具有乡村特色和地域风格的建筑图样；倡导建设绿色农房”。

《住房城乡建设部关于印发〈乡村建设规划许可实施意见〉的通知》（建村〔2014〕21 号）要求，在村庄规划区内进行农村村民住宅建设，依法应当申请乡村建设规划许可，“乡村建设规划许可的内容应包括对地块位置、用地范围、用地性质、建筑面积、建筑高度等的要求。根据管理实际需要，乡村建设规划许可的内容也可以包括对建筑风格、外观形象、色彩、建筑安全等的要求”。

《住房城乡建设部关于改革创新、全面有效推进乡村规划工作的指导意见》（建村〔2015〕187 号）明确指出，“村庄规划内容应坚持简化、管用、抓住主要问题的原则，以农房建设管理要求和村庄整治项目为主”，“农房建设管理要求最基本内容是农房四至、层数等，有条件的村庄可制定农房安全、风貌等规定”。

2. 编制调整依据

村庄快速发展的表现之一是新建、扩建、翻建农房数量迅速增加，农房体量规模与外观形象需要村庄规划统筹约束和指引。

3. 建议规划内容

农房建设管理要求与《住房城乡建设部关于改革创新、全面有效推进乡村规划工作的指导意见》（建村〔2015〕187 号）保持一致，最基本内容是农房四至和层数等，有条件的村庄可制定农房安全和风貌等规定。

1）农房四至、层数的重点规划内容。综合考虑安全、自然环境条件和村民居住习惯等因素，进行农房建设用地选址，划定农房建设用地范围。明确建设主体和相应的用地性质，确定宅院四至、占地面积和建设规模。

2）农房安全、风貌的重点规划内容。依据上位规划确定的县（市）域乡村风貌规划分区，落实村庄所属分区的建筑风格、元素符号，明确农房建筑层数、屋顶形式和色彩等风格要求，提出农房占地面积、建筑面积、高度、建筑材料、墙体样式和门窗细部等的建设要求。落实农房抗震安全基本要求，提升农房节能性能。

二、规划技术要点引导

（一）有序安排村庄内部各项建设

1. 村庄建设用地布局

对居民点用地进行用地适宜性评价，综合考虑各类影响因素确定建设用地范围，充分结合村民生产生活方式，明确各类建设用地的界线、功能和属性，并提出居民点集中建设方案与措施，重点对居民点改造、更新、重建、整治的建设类型和建设要求进行深化。

2. 公共服务设施规划

合理确定行政管理、教育、医疗、文体和商业等公共服务设施的规模与布局。

公共服务设施规模预测应遵循以下原则：

1）首先应基于国家及地方相关规范与标准的基础，尤其对教育、医疗类服务设施，配置过程中可将相关部门对其做出的专项规划作为指导方针。

2）结合村庄发展规划及未来发展前景，适应村庄在上位政策和市场开发等外界因素影响下的发展需求，其设施规模确定应在法规、标准基础上具有一定的超前性。

3）依据服务人口调整设施规模，考虑快速发展村庄流动人口数量，如资源和旅游开发型村庄在快速发展过程中吸引的大量外来投资人口，而乡村旅游带动型村庄中大量的外来旅游人口，需要根据流动人口对公共服务设施的需求类别、需求量和使用强度做出判断，对相关公共服务设施配置做出相应调整。乡村旅游带动型村庄可依据实际需要，增加旅游接待服务中心和急救站等公共服务设施。

3. 基础设施规划

合理安排道路交通、给水排水、电力电信和环境卫生等基础设施，明确近期实施部分的具体方案，包括选址、线路走向、管径、容量和管线综合等。

1）道路交通。明确村庄道路等级、断面形式和宽度，提出现有道路设施的整治改造措施；确定道路及地块的竖向标高；提出停车方案及整治措施；确定公交站点的位置。

2）给水排水。①给水：合理确定给水方式、供水规模，提出水源保护要求，划定水源保护范围；确定输配水管道敷设方式、走向和管径等。村庄给水方式分为集中式和分散式两类，无条件建设集中式给水工程的村庄，可选择手动泵、引泉池或雨水收集等单户或联户分散式给水方式。②排水：确定雨污排放和污水治理方式，提出雨水导排系统清理、疏通、完善的措施；提出污水收集和处理设施的整治、建设方案，提出污水处理设施的建设位置、规模及建议；确定各类排水管线、沟渠的走向和横断面尺寸等工程建设要求。合理确定村庄的排水体制，位于城镇污水处理厂服务范围内的村庄，应建设和完善污水收集系统，将污水纳入城镇污水处理厂集中处理；位于城镇污水处理厂服务范围外的村庄，应联村或单村建设污水处理设施。污水处理设施应选在村庄下游，靠近受纳水体或农田灌溉区。村庄雨水排放可根据地方实际，充分结合地形，以雨水及时排放与利用为目标，采用明沟或暗渠方式，或就近排入池塘、河流或湖泊等水体，或集中存储净化利用。

3）电力电信。确定用电指标，预测生产、生活用电负荷，确定电源及变、配电设施的位置和规模等。确定供电管线走向、电压等级及高压线保护范围；提出新增电力电信杆线的走向及线路布设方式；提出现状电力电信杆线整治方案。

4）能源利用及节能改造。结合各地实际情况确定村庄炊事和生活热水等方面的清洁能源种类及解决方案；提出可再生能源利用措施；提出房屋节能措施和改造方案；缺水地区村庄应明确节水措施。

5）环境卫生。确定生活垃圾收集处理方式，合理配置垃圾收集点、垃圾箱及垃圾清运工具；鼓励农村生活垃圾分类收集、资源利用，实现就地减量。按照粪便无害化处理要求提出户厕及公共厕所整治方案和配建标准；确定卫生厕所的类型、建造和卫生管理要求。对露天粪坑和杂物乱堆等存在环境卫生问题的区域提出整治方案和利用措施，确定秸秆等杂物、农机具堆放区域；提出畜禽养殖的废渣、污水治理方案。

6）其他基础设施配套系统。村庄基础设施需求模型以村庄基础设施需求影响因素分析及乡村人口规模预测为基础，重点参考为农村编制的专项基础设施配置标准框架。乡村旅游带动型村庄可根据持续性的客流量，适当增加停车场面积、公厕与垃圾桶数量，扩建污水处理设施等。

4. 村庄安全与防灾减灾

村庄应根据所处的地理环境，综合考虑各类灾害的影响，明确建立综合防灾体系的原则和建设方针，划定村域消防、洪涝和地质灾害等灾害易发区的范围，制定相应的防灾减灾措施。

1）消防。划定消防通道，消防通道宽度不宜小于 4m，明确消防水源位置、容量。村庄内生产、储存易燃易爆化学物品的工厂、仓库必须设在村庄边缘或者相对独立的安全地带，并与居住、医疗、教育、集会、市场和娱乐等设施之间的防火间距不应小于 50 米。

2）防洪排涝。确定防洪标准，明确洪水淹没范围及防洪措施；确定适宜的排涝标准，并提出相应的防内涝措施。

3）地质灾害综合防治。根据所在地区灾害环境和可能发生灾害的类型进行重点防御。山区村庄重点防御滑坡、崩塌和泥石流等灾害，矿区和岩溶发育地区的村庄重点防御地面塌陷和沉降等灾害，提出工程治理或搬迁避让措施。

4）避灾疏散。综合考虑各种灾害的防御要求，统筹进行避灾疏散场所与避灾疏散道路的安排与整治。村庄道路出入口数量不宜少于 2 个，对村内主干道路有效宽度和避灾疏散主通道等做出控制要求；避灾疏散场地应将村庄内部的晾晒场地、空旷地和绿地等纳入。

5. 村庄历史文化保护规划

明确村庄历史文化和特色风貌保护区的范围和保护措施，加强村庄传统风貌格局、历史环境要素的保护利用，建立历史遗存保护名录，加强对非物质文化遗产的保护和传承。

（二）核定近期建设项目指标资金

1. 近期行动计划

确定近期村庄风貌整治的原则、目标与重点，提出村庄景观环境、建筑、市政基础设施的整治措施和要求，明确近期村庄设计重点项目。制定村庄景观环境绿化美化方案，选择适宜的绿化植被，提出符合乡村特征的绿化措施，并进行河道景观整治，确定污水生态处理措施；提出村庄街道景观、建筑风貌、重要节点的整治措施；制定近期实施的村庄道路平整、亮化方案，提出路面材质和沿路绿化等建设要求及给水排水、电力电信、燃气环卫的整治要求。同时，结合“政府投资—自主投资—招商引资”等不同投资方式确定近期重点建设项目。

2. 经济技术指标和近期实施项目的投资估算

1）主要经济技术指标。村庄用地计算表；总户数、总人口数，总建筑面积和住宅、公建等建筑面积，住宅建设面积标准，以及住宅用地容积率与建筑密度和绿地率等。

2）项目投资估算。对村庄近期实施项目所需的工程规模、投资额进行估算，对资金来源做出分析，其中，主要公共建筑和绿地广场工程等所需投资应单独列出。

（三）强化农房指标管控与特色引导

从土地管理和建筑管理两方面，分别提出相应的控制要求和引导要求。

1. 土地管理

（1）农房土地确权

土地管理应建立在农房产权登记基础之上，农房产权得以明晰，村庄空闲地、闲置宅基地权属得到确定，便于有关部门进行规划调整。

（2）农房改建、新建规划管理

在明确土地与农房权属的基础上，结合地方特点与各户实际情况对人均住宅面积等系列标准进行调整完善，对房屋改建、异地新建的情况进行合理的标准界定与用地调配，同时逐步清理一户多宅的情况。对新建、改建农房提出以下两项要求。

1）规定性要求：对土地的位置与界限、面积、退让间距和相邻关系等提出控制要求。

2）引导要求：对土地的形状和高程等根据具体情况选择性提出引导要求。

※苏州市吴中区木渎镇天池村土地管理（宅基地）

规划提出，允许村民原址翻建农宅，但不允许异地新建农宅。对土地的位置与界限、面积、退距、相邻关系提出控制要求，这些属于规定性要求。对土地的形状和高程等根据具体情况选择性提出引导要求。

翻建民居的宅基地面积不得大于原来宅基地的面积；控制宅基地与道路、河流和农田等空间的间距（与道路之间不小于 1 米，与河流之间不小于 1.5 米，与农田之间不小于 1 米）；合理组织宅基地范围内各类用地之间的关系（图 4-3）。

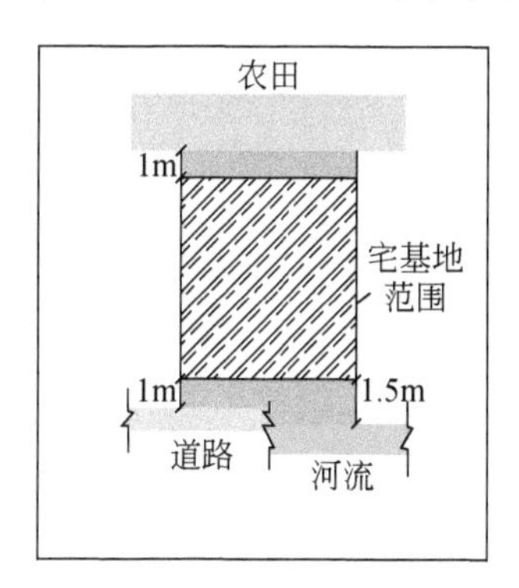

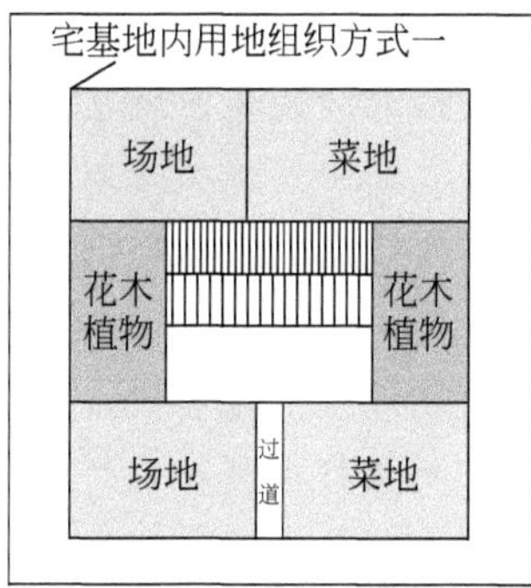

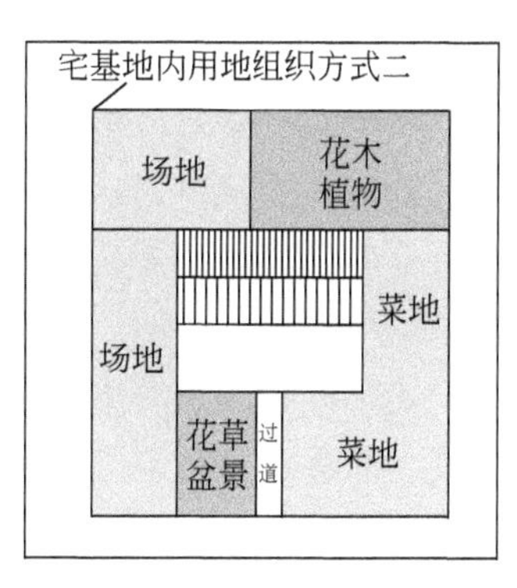

图 4-3　天池村农田与宅基地规划管控要求

资料来源：徐宁和梅耀林，2016

2. 建筑管理

（1）提出规定性要求和引导性要求

规定性要求：对建筑的面积、层数和退让间距等提出控制要求。

引导性要求：对建筑的组合、院落空间、风貌、材料和色彩等根据具体情况选择性提出引导性要求。

※江苏省苏州市吴中区木渎镇天池村建筑管理

对建筑的面积、层数和退让间距等提出控制要求，这些属于规定性要求。对建筑的组合、院落空间、风貌、材料和色彩等根据具体情况选择性提出引导要求。

建筑占地面积要求根据《苏州市宅基地管理暂行办法》规定。规定性要求方面，面积：占地面积不大于宅基地面积的 70%；层数：主房以二层为主，部分三层，辅房为一层；退让间距：在考虑日照及不影响周边关系等因素的前提下，确定退让间距；与邻里空间：与东西向的民居之间的间距不得小于 1.5 米、与南北向的民居之间的间距不得小于 2 米；建筑与公共空间：民居与道路间距离不小于 1.5 米、与河流间距离不小于 2 米、与农田间距离不小于 1.5 米。引导性要求方面，建筑组合：通过分析现状民居的组合形式，指出其中不合适的组合，并提供合适的形式供村民选择参考；风貌要素：对农宅的屋顶、大门和窗等要素的颜色和材料进行引导，并为村民提供几种形式以供选择参考；院落空间：结合现状村民对院落空间的使用需求和用途，对农宅院落的空间进行合理划分布置，以供村民参考；风貌控制：为保证村庄整体风貌的协调统一，为有翻建、新建农宅需求的农民提供合理的户型以供选择参考。

资料来源：徐宁和梅耀林，2016

※河南省登封市大冶镇朝阳沟村

朝阳沟村当地村居风格主要为北方的传统民居。规划在维持既有建筑结构和基本外形的前提下，以操作性强、简单经济为原则，争取用尽量少的改造措施取得最佳的效果。“青瓦白墙、狗头门楼”作为地域性的传统要素融入村居改造中（图 4-4）。

建筑风貌控制要素：朝沟村从屋顶、墙面、山墙面、墙根、窗户、门楼、装饰条、屋檐、雕刻和灯笼等要素对建筑风貌进行了整治，从屋顶、墙身、门窗以至于细部，对色彩、材料、形式都有严格的把控，村庄建筑的单体会呈现较好的、符合地域性的建筑形态。

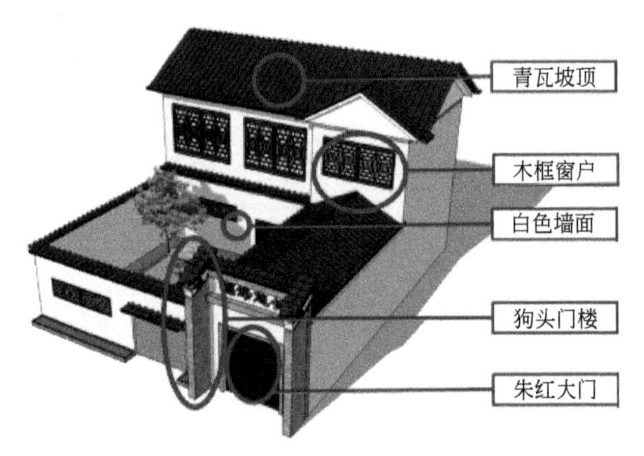

图 4-4　朝阳沟村建筑风貌的整治思路示意图

问题：①全篇规划缺少对宏观建筑形态的把控，对新建建筑风貌与建筑体量缺少引导，不利于未来村庄新老建筑的换代。②规划内容对细部要求得过于繁琐，规划执行难度大。

资料来源：武君臣，2015

（2）编制直观、简洁的行动指导

通过编制村民手册等形式，以简明的文字和图示等方式，提供农房建设各方面的参考标准等各项要求，便于村民与村干部参考执行。

※江苏省苏州市吴中区木渎镇天池村行动保障指导

为保证农宅建设与管理过程合理、有效进行，规划在文本的基础上编制了村民手册，其中，在农宅建设管理部分提供了农宅元素构件及风貌的参考标准、直观的宅基地申请流程、宅基地管理要求和日常行为准则等内容，不仅便于村民实施和遵守，也便于村干部参考和执行（图 4-5）。同时也能保障村内存量用地的合理、有效利用。

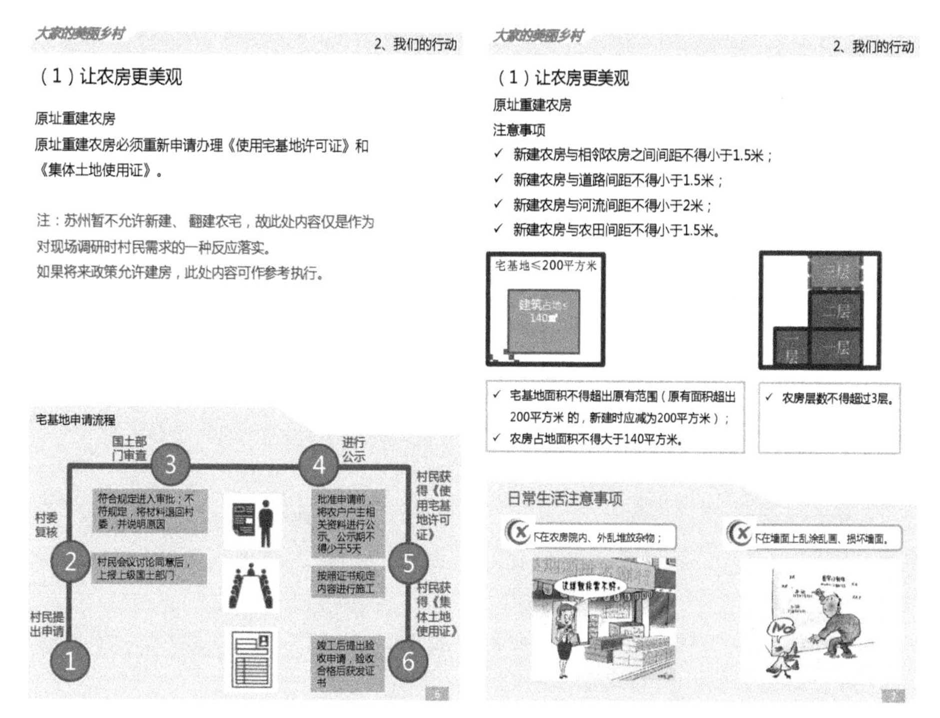

图 4-5　村民手册农宅建设与管理内容示意图

资料来源：徐宁和梅耀林，2016

（3）建立农房规划建设管理系统

为便于农房登记与总量、分布确定，以及管理与规划落实，可在实际农房建设管理中尝试引入农房规划建设管理平台概念，采用如 GIS 等技术实现现代化的采集、存储、分析、管理、显示、模拟及与地理空间分布有关的图形数据处理，并进一步实现多功能监督管理。

第五节　村庄整治安排编制

一、规划主要内容

村庄整治安排的最基本内容是保障村庄安全和村民基本生活条件，在此基础上改善村庄公共环境和配套设施，按照依次推进、分步实施的整治要求，规划内容和深度应因地制宜。

（一）基本性内容

1. 现行标准要求

《美丽乡村建设指南》（GBT 32000—2015）规定，“村庄规模较大、情况较复杂时，宜编制经济可行的村庄整治等专项规划”。

《住房城乡建设部关于改革创新、全面有效推进乡村规划工作的指导意见》（建村〔2015〕187 号）明确指出，“村庄规划内容应坚持简化、管用、抓住主要问题的原则，以农房建设管理要求和村庄整治项目为主”，“分散型或规模较小的村庄可以只编制农房建设管理要求”，“村庄整治项目应参照《住房城乡建设部关于印发〈村庄整治规划编制办法〉的通知》（建村〔2013〕188 号）制定”。

根据《住房城乡建设部关于印发〈村庄整治规划编制办法〉的通知》（建村[2013] 188 号），“编制村庄整治规划要按依次推进、分步实施的整治要求，因地制宜确定规划内容和深度，首先保障村庄安全和村民基本生活条件，在此基础上改善村庄公共环境和配套设施，有条件的可按照建设美丽宜居村庄的要求提升人居环境质量”。

2. 编制调整依据

考虑到快速发展村庄普遍已具备一定规模、建设相对集中、建设情况较一般村庄复杂，更应重视快速建设对村庄环境和设施条件的影响，因此，将村庄整治作为快速发展村庄可选择编制的特色规划之一。编制内容参考《住房城乡建设部关于印发〈村庄整治规划编制办法〉的通知》（建村〔2013〕188 号），分为基本性和改善性两类。

3. 建议规划内容

基本性内容对应《住房城乡建设部关于印发〈村庄整治规划编制办法〉的通知》（建村〔2013〕188 号）的“保障村庄安全和村民基本生活条件”要求，包括村庄安全防灾整治、农房改造、生活给水设施整治和道路交通安全设施整治。

1）村庄安全防灾整治：分析村庄内存在的地质灾害隐患，提出排除隐患的目标、阶段和工程措施，明确防护要求，划定防护范围；提出预防各类灾害的措施和建设要求，划定洪水淹没范围和山体滑坡等灾害影响区域；明确村庄内避灾疏散通道和场地的设置位置和范围，并提出建设要求；划定消防通道，明确消防水源位置和容量；建立灾害应急反应机制。

2）农房改造：提出既有农房、庭院整治方案和功能完善措施；提出危旧房抗震加固方案；提出村民自建房屋的风格、色彩和高度控制等设计指引。

3）生活给水设施整治：合理确定给水方式、供水规模，提出水源保护要求，划定水源保护范围；确定输配水管道敷设方式、走向和管径等。

4）道路交通安全设施整治：提出现有道路设施的整治改造措施；确定村内道路的选线、断面形式、路面宽度和材质、坡度、边坡护坡形式；确定道路及地块的竖向标高；提出停车方案及整治措施；确定道路照明方式、杆线架设位置；确定交通标志和标线等交通安全设施位置；确定公交站点的位置。

（二）改善性内容

1. 现行标准要求

根据《住房城乡建设部关于印发〈村庄整治规划编制办法〉的通知》（建村〔2013〕188 号），“编制村庄整治规划要按依次推进、分步实施的整治要求，因地制宜确定规划内容和深度，首先保障村庄安全和村民基本生活条件，在此基础上改善村庄公共环境和配套设施，有条件的可按照建设美丽宜居村庄的要求提升人居环境质量”。

2. 编制调整依据

在《住房城乡建设部关于印发〈村庄整治规划编制办法〉的通知》（建村〔2013〕188 号）中“提升人居环境质量”主要指提升村庄风貌，考虑到快速发展建设对村庄风貌影响巨大，是规划干预的重点，建议将风貌规划独立成章。因此，村庄整治改善性内容与其中的“改善村庄公共环境和配套设施”对应。

3. 建议规划内容

村庄整治改善性规划内容包括环境卫生整治、排水污水处理设施、厕所整治、电杆线路整治、村庄公共服务设施完善和村庄节能改造等。

1）环境卫生整治：确定生活垃圾收集处理方式；引导分类利用，鼓励农村生活垃圾分类收集、资源利用，实现就地减量；对露天粪坑、杂物乱堆、破败空心房、废弃住宅、闲置宅基地及闲置用地提出整治要求和利用措施；确定秸秆等杂物和农机具堆放区域；提出畜禽养殖的废渣、污水治理方案；提出村内闲散荒废地及现有坑塘水体的整治利用措施，明确牲口房等农用附属设施用房的建设要求。

2）排水污水处理设施：确定雨污排放和污水治理方式，提出雨水导排系统清理、疏通、完善的措施；提出污水收集和处理设施的整治、建设方案，提出小型分散式污水处理设施的建设位置、规模及建议；确定各类排水管线、沟渠的走向，确定管径和沟渠横断面尺寸等工程建设要求；雨污合流的村庄应确定截流井位置、污水截流管（渠）走向及其尺寸。年均降水量少于600毫米的地区可考虑雨污合流系统。

3）厕所整治：按照粪便无害化处理要求提出户厕及公厕整治方案和配建标准；确定卫生厕所的类型、建造和卫生管理要求。

4）电杆线路整治：提出现状电力电信杆线整治方案；提出新增电力电信杆线的走向及线路布设方式。

5）村庄公共服务设施完善：合理确定村委会、幼儿园、小学、卫生站、敬老院、文体活动场所和宗教殡葬设施等的类型、位置、规模、布局形式；确定小卖部和集贸市场等公共服务设施的位置和规模。

6）村庄节能改造：确定村庄炊事、供暖、照明和生活热水等方面的清洁能源种类；提出可再生能源利用措施；提出房屋节能措施和改造方案；缺水地区村庄应明确节水措施。

二、规划技术要点引导

（一）设施整治提升

1. 道路交通整治

1）进村道路和村庄内交通道路路面应当硬化，应依据地方实际，对路面宽度、路基、道路系统完善、破损路面修缮和建筑后退等内容做出相应要求。

2）路面材料的选择主要考虑经济性、乡土性、生态性和适应性。主干路材料宜采用硬质材料，体现乡土性；宅间道路应优先考虑合适的天然材料，体现乡土性和生态性。保留和修复现状村庄的石板路和青砖路等传统路面，具有历史文化传统的保护型村庄道路宜采用传统建筑材料。

3）在道路整治过程中，应尽量保持原来的村庄路网和道路形态。

4）村庄道路标高的确定应结合地形和各类工程管线改造的要求统一考虑。

5）保证村庄道路通过人流密集区、与过境公路和铁路等设施平交以及过境公路穿越村庄等情况的交通安全。

6）村庄道路形态、建筑退线、道路绿化等内容建设保证安全、便捷。

2. 给排水整治

1）村庄给水设施整治应充分利用现有条件，改造完善现有设施，保障饮水安全。应实现水量满足用水需求，水质达标。供水压力和水质应符合国家及地方标准。

2）邻近城镇的村庄，如城镇有自来水供水条件的，应通过城镇自来水管网延伸到村并供水到户。有条件的地方，倡导建设联村连片的集中式供水工程供水入户。

3）依照相关标准、规范，保证供水安全、农民生活用水量及牲畜用水，整治水源环境卫生。

4）给水管线埋设和管径应符合地方要求。

5）村庄排水工程整治，应尽可能逐步实现村庄排水的“雨污分流”体制。雨污处理和排放应保证环境安全卫生，排水沟坡度、深度和宽度保证排水顺畅，材料根据各地实际选取。

6）污水处理系统提倡统一、高效处理，采用适宜村庄的污水处理设施。

3. 环卫设施整治

1） 村庄环卫设施整治应重点对垃圾箱和垃圾房（池）等垃圾收集设施进行布局。建立合理、高效的垃圾收集处置模式。

2）确定各项设施的服务半径、空间布局、规模与式样，满足使用便捷、美观、卫生的要求。

3）对医疗废弃物、堆肥处理、无机垃圾、其他垃圾处理应满足安全、卫生要求，推行垃圾回收利用。

4）对垃圾中转站和公厕进行整治，位置、规模、形式设置满足村庄需求，村庄设有车站和集贸市场等公共场所或已对外开放的旅游村寨应设置公共厕所。对外开放的旅游村寨应设置水冲式公厕。

5）逐步实现“人畜分离”，禽畜饲养场设置防护距离。

6）对公厕、户厕、禽畜饲养点制定卫生防护标准，建立并严格执行及时清扫和消毒等防控疫病管理制度。

7）进行户厕改造，厕所类型符合地方特征，户厕应满足建造技术要求、方便使用与管理，与饮用水源保持必要的安全卫生距离，并应符合经济、安全要求与村民需求。

4. 减灾防灾

1）根据村庄周围的地形地势，采用“避”和“抗”等有效措施，杜绝自然灾害对村民生命财产安全构成的威胁。

2）高度重视公共安全。托幼、学校、卫生院、敬老院、老人及儿童活动场所等公共建筑避让存在危险隐患的地段。

3）泄洪沟、防洪堤和蓄洪库等的设置，要符合减灾防灾规划要求；对村旁、路旁在雨季有可能造成滑坡的山体、坡地，应加砌石块护坡或设置挡土墙。

4）农房、公共建筑避让危险性地段，加固不安全农房。基础设施工程无法避让时应采取有效措施减轻破坏。

5）对具有安全隐患的工厂、仓库、堆场和厨房等场所进行改造和搬迁等。各项建设符合农村消防相关规定。

6）村庄的防洪工程和防洪措施应与当地江河流域、农田水利、水土保持和绿化造林等规划相结合。

7）村庄应设置避灾疏散场地。

（二）村容整治提升

1. 村口形象整治

注重村名的规范性与村口标识的选择，村口应选择合适的布局形式，注重比例与尺度、色彩与质感的营造，体现地方特色、节约建造，加强村庄入口处和周边环境治理。

2. 村庄环境面貌整治

1）引导村民按照规定建房和粉刷立面，形成协调统一的村容村貌，传承地方文化。修整沿街建筑立面和围墙墙面。

2）在村民活动场所和废弃场地等布置绿地。

3）整治村庄坑塘与河渠水道。尽量保留现有荷塘水系，整治坡岸和绿化等内容，保证村庄环境卫生、公共安全和经济发展。

4）统一规划管理村内广告和展示栏，合理设置集市，治理秸秆和肥土堆放等。

5）整治空房和闲置用房。

3. 电线杆及线路整治

1）农村架空线杆排列应整齐，尽量沿路一侧架设。对现状杆线和线路进行必要的规整，在最大化保留现状杆位基础上，根据实际需求进行杆位调整。村庄的通信线路一般以架空方式为主，电信和有线电视线路宜同杆架设。

2）对照明方式、架设方式和路灯高度等依据村庄需求与特点做出相应要求。

（三）整治项目的选择与实施

1）村庄整治项目包含三种类型：①政府直接投资，属农村基础设施和公共服务设施；②政府资助，农民自主选择村庄整治的项目和内容，属直接改善村庄面貌与人居环境的公益类建设项目；③政府资金引导，属科技项目示范、市场化运作、农户自主参与、利益到户的项目。

2）依据导则所列整治内容，不同村庄应根据自身存在的主要问题，进行评估，确定村庄急需整治的内容，并相应选择或增加整治项目。

3）所选整治内容，应按轻重缓急排序，有效解决重大、亟待解决的整治项目工程，道路和管线建设顺序避免返工浪费。

第六节　特色风貌规划与引导编制

一、规划主要内容

村落风貌规划指引涉及风貌分区要求落实、村庄风貌提升、村庄绿化、历史文化遗产和乡土特色保护。

（一）村庄整体风貌景观

1. 现行标准要求

《住房城乡建设部关于印发〈村庄整治规划编制办法〉的通知》（建村〔2013〕188 号）提出，在提升村庄风貌方面，可包括“（一）村庄风貌整治：挖掘传统民居地方特色，提出村庄环境绿化美化措施；确定沟渠水塘、壕沟寨墙、堤坝桥涵、石阶铺地、码头驳岸等的整治方案；确定本地绿化植物种类；划定绿地范围；提出村口、公共活动空间、主要街巷等重要节点的景观整治方案。防止照搬大广场、大草坪等城市建设方式。（二）历史文化遗产和乡土特色保护：提出村庄历史文化、乡土特色和景观风貌保护方案；确定保护对象，划定保护区；确定村庄非物质文化遗产的保护方案。防止拆旧建新、嫁接杜撰”。

《住房城乡建设部关于改革创新、全面有效推进乡村规划工作的指导意见》（建村〔2015〕187 号）要求编制县（市）域乡村建设规划，6 项必要内容之一为乡村风貌规划，“应分区制定田园风光、自然景观、建筑风格和文化保护等风貌控制要求”。

2. 编制调整依据

县（市）域乡村建设规划作为村庄规划的上位规划，已划定了区域乡村风貌分区，在村庄规划中应予以延续。对于快速发展村庄，环境和设施等新增建设项目较多，更应结合本村实际情况灵活落实，将风貌要求在新建项目中体现。因此，在规划中强调与上位规划确定的县（市）域乡村风貌规划分区相衔接，避免村庄风貌偏离本地特色。

3. 建议规划内容

建议快速发展村庄整体风貌规划包括两项内容：

1）风貌分区要求落实。依据上位规划确定的县（市）域乡村风貌规划分区，落实村庄所属分区的田园风光、自然景观、建筑风格、元素符号和文化保护等风貌要求。

2）村庄风貌提升。①确定沟渠水塘、壕沟寨墙、堤坝桥涵、石阶铺地和码头驳岸等的整治方案，疏浚坑塘河道，保护和修复自然景观与田园景观。②统筹利用闲置土地、现有房屋及设施等，改造、建设村庄公共活动场所，推进村庄公共照明设施建设。

（二）村庄公共空间绿化

1. 现行标准要求

《村庄和集镇规划建设管理条例》（1993）规定村庄总体规划内容需有绿化设施配置，村庄建设规划内容需有绿化设施具体安排。

《美丽乡村建设指南》（GBT 32000—2015）从绿化植被品种、庭院与屋顶围墙绿化美化和古树名木三个方面，对村庄环境绿化提出要求。

《住房城乡建设部关于开展绿色村庄创建工作的指导意见》（建村〔2016〕55 号）提出“到 2025 年全国大部分村庄达到绿色村庄基本要求”，“绿色村庄的基本要求是，村内道路、坑塘河道和公共场所普遍绿化；农户房前屋后和庭院基本实现绿化；村庄周边普遍有绿化林带，有条件的村庄实现绿树围合；古树名木实现调查、建档和保护；建立有效的种绿、护绿机制；淮河流域及以南地区村庄绿化覆盖率应不低于30%，以北地区一般不低于20%”。

2. 编制调整依据

快速发展村庄的环境风貌标准及村民审美需求都要比一般村庄有所提高，农房庭院、围墙和屋顶等绿化有村民自发维护做保障，规划重点应放在公共空间绿化，建设标准与全国绿色村庄创建工作方向一致。

3. 建议规划内容

建议快速发展村庄的公共空间绿化规划重点解决三个问题：一是提出村庄环境绿化美化措施，确定本地绿化植物种类和主要绿化形式；二是划定公共绿地范围；三是提出村口、公共活动空间和主要街巷等重要节点的景观整治方案。

（三）文化遗产和乡土特色保护

1. 现行标准要求

《中华人民共和国城乡规划法》要求，村庄规划应包括历史文化遗产保护的具体安排。

《美丽乡村建设指南》（GBT 32000—2015）的阐述更为细致，将村庄文化保护与传承分为四项工作：一是“发掘古村落、古建筑、古文物等乡村物质文化，进行整修和保护”；二是“搜集民间民族表演艺术、传统戏剧和曲艺、传统手工技艺、传统医药、民族服饰、民俗活动、农业文化、口头语言等乡村非物质文化，进行传承和保护”；三是“历史文化遗存村庄应挖掘并宣传古民俗风情、历史沿革、典故传说、名人文化、祖训家规等乡村特色文化”；四是“建立乡村传统文化管护制度，编制历史文化遗存资源名单，落实管护责任单位和责任人，形成传统文化保护与传承体系”。

2. 编制调整依据

为避免村庄快速发展时的大拆大建对当地文化遗产和乡土特色产生不可恢复的破坏，或为了迎合市场盲目引进外来文化，特别在规划中加入保护内容。

3. 建议规划内容

建议快速发展村庄文化遗产和乡土特色保护规划应包括四个方面：一是提出村落空间格局、村庄街巷、历史文化、乡土特色和景观风貌保护方案；二是确定保护对象，划定保护区；三是确定村庄非物质文化遗产的保护方案；四是挖掘传统民居地方特色，开展农房及院落风貌整治。

二、规划技术要点引导

（一）村庄风貌分区落实

落实上位规划风貌分区及其相关要求。依据村庄不同片区的功能特色，引导村庄风貌特色营建思路。

1. 自然生态视角的村庄风貌特色引导

自然生态系统包括气候、地形地貌、水系、山脉和植被等因子。

1）景观生态格局引导：尊重原有山水格局，严控对地形的破坏，保证地形地貌的完整连续性。

2）生物多样性保护：保护古树名木，更新村内植物群落，发挥其生态作用。

3）开发强度控制：控制村庄建筑密度，旅游型村庄控制旅游开发强度，并注重设施风格、体量与环境相协调。

2. 经济生产视角的村庄风貌特色引导

经济生产系统包括农业生产、乡镇企业和第三产业等因子。风貌建设应强调产业活动与景观价值、功能的相容与匹配。

1）以农业经济活动为主的村庄：合理开发农业资源，保证生态景观可持续；可将农业资源与景观结合，利用各种要素发展景观功能。

2）以工业推动发展的村庄：尊重乡村原有肌理，村庄企业与工业园区避开自然生态战略空间，减少对整体生态环境的破坏。

3）以历史文化资源为主的村庄：传承地方建筑特色和街巷空间景观格局，延续村庄文脉。保护地方特色与文化遗产，传统空间应成规模保留，通过适度修缮、合理功能置换实现传播文化、延续文脉的作用。新建建筑通入原有肌理，保证风貌统一协调。

3. 聚落生活视角的村庄风貌特色引导

聚落生活系统分为物质空间系统和非物质文化系统两部分，包括不同地域村民日常生活形成的聚落形态、乡村建筑、场所环境和乡土文化。

村庄的形态引导应保持乡村以自然为主、以农业生产为核心的特点，统筹考虑村民生产、生活、生态需要，避免生产、生活与自然的分离。以实用经济为着落点，合理安排生活和生产需要。谨慎选择农居点的迁并和风貌改造，避免形式主义和千篇一律。

（二）村庄风貌改善提升

1. 总体结构设计引导

充分结合地形地貌和山体水系等自然环境条件，引导村庄形成与自然环境相融合的空间形态，传承村庄文化特色，并与空间形态和地域特色有机融合。

2. 村庄风貌提升

空间肌理延续引导。尊重村庄原有空间肌理，通过对空间格局、山水环境、街巷系统、建筑群落和公共空间等的保护与延续，形成整体有序、层次清晰的空间形态。

※安徽省凤阳县小岗村规划恢复传统村落肌理

在美国格理集团（Gerson Lehrman Group，GLG）厂区与新建社区之间，保留原有的农田，使村庄北部和南部的农田联系起来，使整个村庄为外围绿化环绕。保留现状的果园、杨树林、水塘，使村庄内部原有的生态环境不被破坏，出门见“园”，可居可游。每家每户的选址结合现有的植被和水塘，三五户结合，在原有宅基地基础上，通过院落与农宅的不同组合方式，形成外部围合空间，为老人和儿童提供游戏和休息的场地。

公共空间布局引导。结合生产生活需求，合理布置公共服务设施和住宅，形成公共空间体系化布局；从居民的实际需求出发，充分考虑现代化农业生产要求和农民生活习惯，形成具有地域文化气息的公共空间场所；积极引导住宅院落空间建设，合理利用道路转折点和交叉口等组织院落空间。

风貌特色保护引导。保护原有的村落聚集形态，处理好建筑与自然环境之间的关系；保护村庄街巷尺度、传统民居、古寺庙、道路等与建筑的空间关系等；继承和发扬传统文化，适当建设标志性的公共建筑，突出地域特色风貌。

建筑设计引导。村庄建筑设计应因地制宜，重视对传统民俗文化的继承和利用，体现地方乡土特色；同时充分考虑农业生产和农民生活习惯的要求，做到“经济实用、就地取材、错落有致、美观大方”，挖掘、梳理和展示地方民居特色；提出现状农房、庭院整治措施，并对村民自建房屋的风格、色彩和高度等进行规划引导。

※安徽省潜山县官庄镇官庄村建筑设计引导

建筑风格采取“皖派”建筑，灰瓦白墙，坡屋顶，马头墙，体现地方特色（图 4-6）。

德督庄

余氏祠堂

官庄村新建民房

图 4-6　官庄村建筑设计示范

资料来源：王迎等，2017

环境小品设计引导。环境小品主要包括场地铺装、围栏、花坛、园灯、座椅、雕塑、宣传栏和废物箱等。各类小品主要布置于道路两侧或集中绿地等公共空间，尺度适宜，结合环境场所采用不同的手法与风格，营造丰富的村庄环境。场地铺装形式应简洁，用材应乡土，利于排水；围栏设计美观大方，采用通透式，装饰材料宜选用当地天然植物；花坛、园灯和废物箱等的风格应统一协调。

竖向设计引导。根据地形地貌，结合道路规划、排水规划，确定建设用地竖向设计标高。标明道路交叉点、变坡点坐标与控制标高，以及室外地坪规划标高等内容。

※河南省信阳市平桥区郝堂村村庄风貌提升

郝堂村村庄规划坚持农民主体地位与尊重村庄文明的建设理念基础，在建筑风格上体现中部平原的建筑风格，重点打造豫南民居风格；在规划结构、路网体系上尽可能在原有路网上进行建设；规划保持村庄原有空间格局，保留和新建相协调，体现了村落建筑与自然生态相和谐，农民生产生活与山水环境相交融，构成了乡村特有的空间布局。在居住房屋改造方面尊重村庄农民的意愿，加强村民参与的积极性，在新农村规划建设过程中，充分尊重村庄农民的意愿，设计单位根据郝堂村依山傍水、山水相映的特色，针对每户村民居住特点，分别设计个性鲜明、新颖别致、风格迥异的原生态住房。

在环境治理方面，郝堂村特别注重村域环境的塑造，促进生态可持续发展。郝堂村的建设是在保护当地自然环境、尊重当地历史人文脉络的前提下推进的，村庄规划建设既注重整体环境的塑造，也注重细节自然、人文节点的打造（图 4-7）。

图 4-7　郝堂村村容提升

（三）绿化景观设计引导

充分考虑村庄与自然的有机融合，合理确定各类绿地的规模、范围和布局，提出村庄环境绿化美化的措施，确定本土绿化植物种类。

提出村庄闲置房屋和闲置用地的整治和改造利用措施；确定沟渠水塘、壕沟寨墙、堤坝桥涵、石阶铺地和码头驳岸等的整治措施；提出村口、公共活动空间和主要街巷等重要节点的景观整治措施。

※江苏省丹阳市访仙镇草塘村

在村庄内部植树造林。建设主干道路两侧、农田林网及河沟渠边四旁绿化，在荒坡地、闲置地、居民房前屋后进行绿化，建设居民休闲公园、构建公共绿地，实行景观改造，实行经济林与花卉苗木有机结合（图 4-8）。目前村庄绿化覆盖率达到 45%以上，人均绿地面积达到 85 平方米。

图 4-8　草塘村绿化景观提升前后对比

※安徽省金寨县麻埠镇响洪甸村绿化景观规划

1）滨水景观：整治西淠河，岸边建设游览步道，绿化水岸，旅游观光河段建设自然缓坡驳岸，居民居住河段建设自然阶梯驳岸，茶园和防洪河段建设硬质驳岸（图 4-9）。

图 4-9　响洪甸村滨水景观规划

2）街道景观：街道绿化选用乡土树种。保留现有树木，沿街以桂花为行道树，公共空间种植香樟、玉兰。建筑前大量种植月季和六安瓜片，公共空间种植迎春、杜鹃、紫薇和海桐等灌木丰富四季景象。建筑前绿地撒播三叶草，公共空间撒播禾本类草种，配以酢浆草，形成地面景观（图 4-10）。

图 4-10　响洪甸村街道景观规划

资料来源：王迎等，2017

村口建筑应精心设计、构思新颖，体现地方特色与标志性，村口风貌应自然、亲切、宜人；村口和公共活动场地等景观节点可通过小品配置、植物造景与建筑空间营造等手段突出景观效果；村中心地段建设应体现地方特色与标志性。

※安徽省金寨县麻埠镇响洪甸村村庄入口景观规划

用本地毛竹和竹架塑造村庄入口景观，展示村庄形象（图 4-11）。

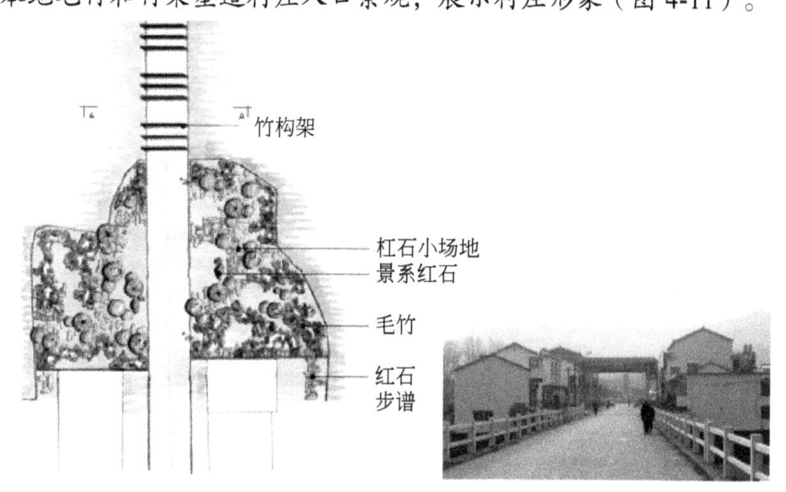

图 4-11　响洪甸村村庄入口景观规划

资料来源：王迎等， 2017

（四）文化特色保护传承

明确村庄历史文化和特色风貌保护区的范围和保护措施，加强村庄传统风貌格局和历史环境要素的保护利用，建立历史遗存保护名录，加强对非物质文化遗产的保护和传承。

1. 村庄肌理保护

1）村庄规划布局传承村庄肌理，灵活布局，分析村域内的山体、水体、道路与村落之间的空间关系，对影响村落格局的各个要素提出整体保护与整治措施。

2）总结传统民居的各项建筑特征，提出传统民居建筑特色与建筑工艺的保护与传承措施。

3）按照原貌保存和维修具有历史文化价值的传统街巷等特色场所空间，重点改善安全保障条件和完善基础设施。

4）建（构）筑物特色风貌保护主要采取不改变外观特征，调整、完善内部布局及设施的改善措施。

5）保护村庄内部遗存的古树、林地和沟渠河道等自然及人工构筑物，必要时应加设保护围栏或进行疏浚修复。

6）历史文化遗产的周边环境应实施景观整治，周边的建（构）筑物形象和绿化景观应保持乡土特色并与历史文化遗产的历史环境和传统风貌相和谐。

※福建省泉州市晋江市金井镇围头村

围头村是大陆与台湾大金门岛距离最近的村庄，村内保留有“八·二三”炮战遗址多处，见证了两岸关系发展，被称为“海峡第一村”。2007年围头村被晋江市确定为“百村示范，村村整治”工程建设示范村，村庄围绕十大遗址重点整治，规划建设“八·二三”战地公园，以遗址保护利用带动村庄整体环境提升。历经三年建设发展，围头村被评为国家级AAA旅游景区、福建省国际教育基地、福建省特色景观旅游名村（图4-12）。

图4-12 “八·二三”战地公园出入口整治前后对比

2. 划定保护范围和控制地带

对具有保护意义的文物古迹、历史建筑和古树名木等进行保护范围和控制地带划定。

1）合理划定保护对象及保护区，避免村民在保护区内私自建设建筑物或构筑物。

2）对重要历史建筑与构筑物，进行保护范围与建设控制地带的划定。

3）保护具有地域特色的古树名木，提出古树名木的保护范围与保护措施。

※江苏省常熟市虞山林场上场村

制定村庄改造规划方案时，村庄将名木古树纳入保护范围和控制地带，在施工过程中采取保护措施，防止了乱砍滥伐。发动村民群众植树木种草皮(图 4-13)。

图 4-13 上场村古树名木保护

3. 非物质文化遗产保护

非物质文化遗产普查梳理：①对包括口头传统、传统表现艺术、民俗活动、礼仪、节庆、有关自然界和宇宙的民间传统知识和实践、传统手工技能及与上述表现形式相关的文化空间等非物质文化遗产进行普查和梳理。②非物质文化遗产保护与村民生产生活相结合，挖掘村庄历史，整理文献资料。

※安徽省宣城市绩溪县瀛洲镇龙川村

安徽省宣城市绩溪县瀛洲镇龙川村为加强对龙川村历史文献的整理和发掘，为后人留下可借鉴的文史资料，启动龙川村村志的修编工作。

※浙江省湖州市南浔区和孚镇荻港村

浙江省湖州市南浔区和孚镇荻港村将村庄人文历史资料进行整理，新建了荻港历史名人纪念馆，将数百年曾走出的进士、太学生和贡生等名人资源进行布展。

对承载非物质文化遗产的文化空间提出保护措施：①街名、传说、典故、音乐、民俗和技艺等非物质要素可通过碑刻、音像或模拟展示等方法就地或依托古迹保留。②结合村内生产方式，发掘村庄历史文化、民俗风情，发展联动产业，实现非物质文化遗产的有效传承。

第五章 快速发展村庄规划实施保障

第一节 规划主要内容

快速发展村庄规划实施保障的最基本内容是明确规划实施责任人，有条件的村庄可以编制规划实施项目库，委派规划监管负责人。同时，制度与资金保障是规划保障的重要方面。

一、规划实施项目库

1. 现行标准要求

《住房城乡建设部关于印发〈村庄整治规划编制办法〉的通知》（建村〔2013〕188 号）规定，“编制村庄整治项目库，明确项目规模、建设要求和建设时序”，规划成果需包含编制村庄整治项目表，内容包括“整治项目的名称、内容、规模、建设要求、经费概算、总投资量以及实施进度计划等”。

县（市）域乡村建设规划必要内容包括村庄整治指引，“分区、分类制定村庄整治要求，提出相应重点整治项目、标准和时序”。

2. 编制调整依据

快速发展村庄建设需求大，谋划的项目不仅有整治项目，还可能有产业、服务和文物保护等多种类型项目，数量比一般村庄要多，更需要加以整理、分期，以便提高村庄规划的可操作性。

3. 建议规划内容

建议编制快速发展村庄规划实施项目库，同时明确项目规模、建设要求和建设时序。

二、规划实施保障

1. 现行标准要求

《村庄和集镇规划建设管理条例》对村庄规划实施方式，村庄建设的设计和施工管理，房屋、公共设施、村容镇貌和环境卫生管理，以及违反条例处罚方式等进行了详细规定。

《住房城乡建设部关于印发〈村庄整治规划编制办法〉的通知》（建村〔2013〕188 号）提出，“建立村庄整治长效管理机制。鼓励规划编制单位与村民共同制定村规民约，建立村庄整治长效管理机制。防止重整治建设、轻运营维护管理”。

《住房城乡建设部关于改革创新、全面有效推进乡村规划工作的指导意见》（建村〔2015〕187 号）将乡村规划管理工作重点分为“全面推进乡村建设规划许可管理”、“大力加强基层规划管理力量”和“建立健全违法建设查处机制”。

2. 编制调整依据

现行条例、政策更多从管理制度角度对规划实施进行保障，而现实中资金保障同样是规划能否落地的决定因素，村庄快速发展的动因各不相同，建议在规划编制时考量资金可行性，帮助村庄整合各类资金，推动规划实施。

3. 建议规划内容

建议快速发展村庄的规划实施保障分为制度保障、资金保障两方面编制。制度保障至少包括管理制度与公共参与制度。

1）管理制度。①建立村庄道路、给排水、垃圾和污水处理、沼气及河道等公用工程设施的长效管护制度，将管理责任落实到人；②有条件的村庄，可设置规划建设协管员，可由大学生村官或村主任兼任，加强村庄建设用地管理，重点审查新建农房风貌；③完善村务公开制度，推行项目公开、合同公开、投资额公开制度，接受村民监督和评议；④建立村规民约，体现村民自治；⑤建立农村社区管理方式与管理站点、管理队伍；⑥有条件的村庄，可委任乡村规划师，制定规划服务制度。

2）公众参与制度。①政府组织，进行规划相关技术指导与讲解；②村民自主参与规划，发挥群众智慧。

3）资金保障。包括争取上级政府政策和资金支持，争取群众支持、筹集自有资金，招商引资，村企共建，集体支撑等方面。

第二节　规划技术要点引导

一、规划实施项目库

1）确定近期村庄风貌整治的原则、目标与重点，提出村庄景观环境、建筑、市政基础设施的整治措施和要求，明确近期村庄设计重点项目。

2）制定村庄景观环境绿化美化方案，选择适宜的绿化植被，提出符合乡村特征的绿化措施，并进行河道景观整治，确定污水生态处理措施；提出村庄街道景观、建筑风貌、重要节点的整治措施。

3）制定近期实施的村庄道路平整、亮化方案，提出路面材质和沿路绿化等建设要求及给排水、电力电信、燃气环卫的整治要求。

4）结合“政府投资-自主投资-招商引资”等不同投资方式确定近期重点建设项目。

二、规划实施制度保障

1. 管理制度

1）建立村庄道路、供排水、垃圾和污水处理、沼气及河道等公用工程设施的长效管护制度，将管理责任落实到人。

2）有条件的村庄，可设置规划建设协管员，可由大学生村官或村主任兼任，加强村庄建设用地管理，重点审查新建农房风貌。

3）建立村规民约，体现村民自治。村集体设立村规民约，宣讲好家训家风，发展乡贤文化，推动农村精神文明建设。

4）建立农村社区管理方式与管理站点、管理队伍。

引入适宜管理模式，提高整体素质，建立农村社区管理模式，加强对农民的教育、培训与引导，提高农民整体素质，改善规划实施效果。由政府与社区组织共同组成治理机构，社区以自治为主，政府部门负责对整体工作进行规划和指导。在社区资源的投入方面，以政府投入为主，社区自我投入为辅。

※安徽省芜湖大浦新农村建设试验区

建立适合农村社区的管理方式，加强对农民群众的教育和培训，引导其积极参与村庄整治建设，努力形成人改造环境、环境改变人的良性循环（图 5-1），促进农民群众转变传统的思想观念和行为方式，增强卫生意识、生态意识和文明意识。

建立村庄的规划管理队伍与长效管理机制，通过建立村物业管理站和成立卫生管护队等方式，形成村庄规划实施的长效保障，发挥规划工作持久的经济效益和社会效益。

图 5-1 大浦新农村环境建设

※福建省泰宁县朱口镇音山村

着眼于整治成效长期保持，以民办公助的形式，组建村庄卫生管护队伍，对垃圾每日收集、处理，定期维护村内公共设施，确保村庄环境干净整洁、各项设施完好无损，并建立环境卫生长效管理机制，初步形成了一个环境整洁、优美、人与自然和谐共存的新农村（图 5-2）。

图 5-2 音山村环境管理成效显著

5）有条件的村庄，可委任乡村规划师，制定规划服务制度。

2. 公众参与制度

1）政府组织，进行规划相关技术指导与讲解。建设部门抽调技术人员加强技术指导的同时，可将图纸转化为通俗易懂的连环画形式进行图解，或提供村庄建设时参考的标准图集，让规划内容生动直观，提高村民主观能动性，自觉参与村庄规划。

※安徽省岳西县响肠镇请水寨村

安徽省岳西县响肠镇请水寨村将规划内容转化为技术图解，让规划内容通俗易懂。针对村民文化水平不高的现状，探索采用图文并茂、通俗易懂的连环画形式的图解，使村民更好地理解规划内容和要求，让农民自觉参与，利于改善村民生活水平和人居环境。

※贵州省榕江县平阳乡小丹江村

贵州省小丹江村村庄规划为了指导项目的顺利实施，专门制定了标准图集，供村民自主建设时参考。图集包括新建民居、指示牌、公厕、垃圾桶、道路做法及大样、广场铺装大样、门窗窗花选择、照明灯具、座椅和垃圾收集点等标准图库。该图库除满足小丹江本村的需求外，还可指导周边相同文化背景的村寨进行建设（图 5-3）。

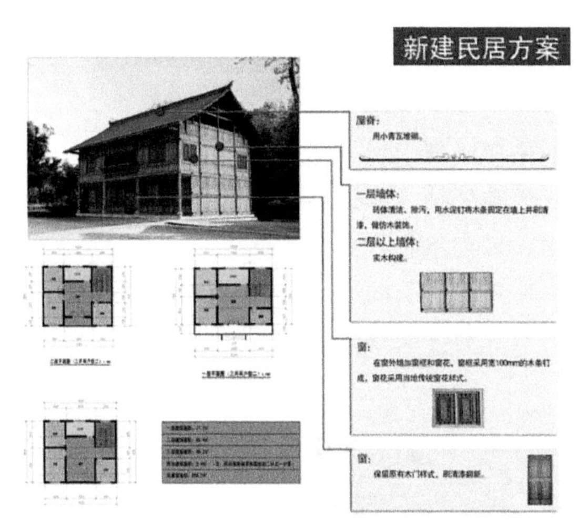

图 5-3　小丹江村标准图集示意图

2）村民自主参与规划，发挥群众智慧。积极组织宣传活动，提高规划认知率。利用标语、黑板报、宣传栏、广播、座谈会、党代会、给群众的一封信、组织参观学习和发放宣传手册等形式广泛宣传，营造良好的舆论氛围，提高新农村凝聚力。

保障村民了解、参与整治规划各个环节。各规划环节中了解村民诉求，征求村民意见。通过成立规划理事会、开展群众评比活动、签订责任书、收缴保证金和建设物业管理服务的方式，完善管理机制，实现村民自治、自主管理。

3）完善村务公开制度，推行项目公开、合同公开、投资额公开制度，接受村民监督和评议。村庄规划建设要及时公开规划信息，健全反馈制度，加强群众监督。

三、规划实施资金保障

（1）争取上级管理部门政策和资金支持

配合相关部门，争取上级管理部门政策及资金支持。通过争取上级管理部门支持、争取国家产业政策和项目资金支持的方式，获取村庄规划项目资金，保障村庄规划工作顺利进行。

（2）争取群众支持，筹集自有资金

动员群众筹集自有资金，调动群众积极性，让广大农民在村庄建设中筹资投劳，发挥建设主体作用。采取以奖代补和民办公助等形式，引导农民在建设项目发挥作用。

※河南省信阳市平桥区郝堂村

在村庄发展资金来源方面，郝堂村设置了村庄内置金融，探索农村金融深化服务。针对商业银行和小贷公司等“外置金融”长期难以解决的农民“融资难”和农村“金融贫血症”等问题，郝堂村独辟蹊径地进行农村“内置金融”试验（图 5-4）。

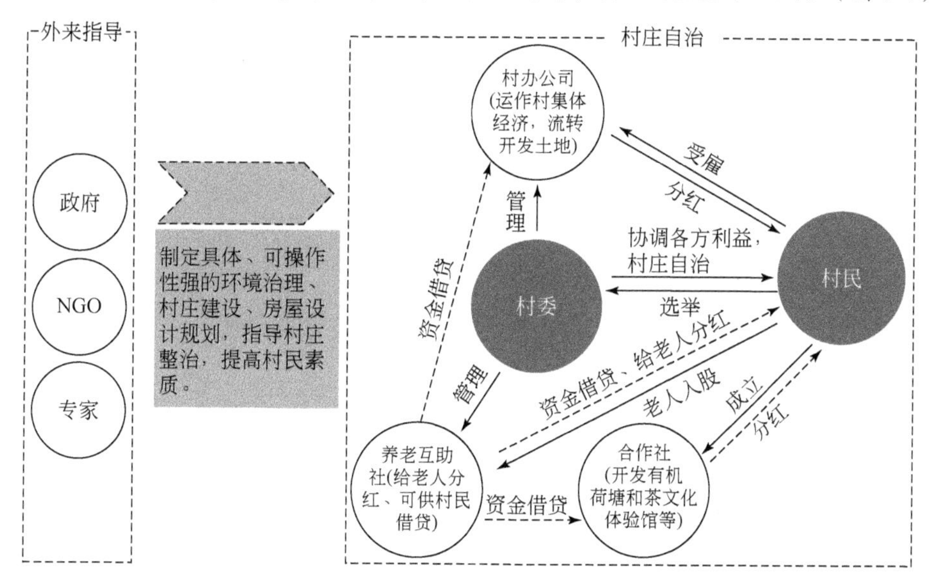

图 5-4 郝堂村内置金融试验

资料来源：郑斌等，2014

（3）招商引资

优化村庄投资环境，加快基础设施建设，改善农业生产条件，通过招商引资，扩大资金来源。

※河北省永清县董家务村

河北省永清县董家务村通过以友招商的形式，成功签约一个新村建设和旅游度假村建设项目。2007 年底，该村投入第一笔资金 3100 多万元，启动新民居建设，对村庄进行整治（图 5-5）。

图 5-5　董家务村新民居建设

（4）村企共建

充分调动社会力量，参与村庄建设，利用村企共建的模式，设立村庄建设基金，引导社会力量，参与村庄建设。搭建对接平台，广泛开展村企结对和部门帮扶等活动，为各类社会资金投入新农村建设搭建载体。

※浙江省宁波市余姚泗门镇小路下村

浙江省宁波市余姚泗门镇小路下村注重动员、引导社会力量，参与村庄整治建设，与宁波云环电子集团有限公司结对共建新农村，坚持与小路下村紧密协作，设立村庄公共事业建设基金，专项用于村庄交通道路和环境卫生等公共基础设施建设（图 5-6）。

图 5-6　小路下村新农村建设

（5）集体支撑

壮大村级集体经济，建立村级稳定的可持续投入机制。探索利用集体所有非农建设用地或村留用地单独开发或吸引资金参股开发，盘活资产、服务创收。

参 考 文 献

陈俊红，陈慈，陈玛琳. 2017. 关于农村一二三产融合发展的几点思考. 农业经济，(01)：3-5.
陈铭，陆俊才. 2010. 村庄空间的复合型特征与适应性重构方法探讨. 规划师，26（11）：44-48.
陈玉福，刘彦随，龙花楼，等. 2010. 苏南地区农村发展进程及其动力机制——以苏州市为例. 地理科学进展，29（01）：123-128.
丁正勇. 2001. 关中平原村镇生活空间适宜性发展研究. 西安：西安建筑科技大学硕士学位论文.
段德罡，王瑾，王天令，等. 2017. 基于生态文明的村庄建设用地规划策略研究. 中国工程科学，19（04）：138-144.
范振宇. 2010. 通过发展特色农业振兴农村经济——对寿光市三元朱村的调查研究. 商业文化，(04)：106.
葛丹东. 2010. 中国村庄规划的体系与模式——当今新农村建设战略与技术. 南京：东南大学出版社.
郭瑶琴. 2017. 基于 GIS 的农房规划建设管理一体化平台建设研究. 城市建设理论研究（电子版），(26)：7-8，16.
郭占军. 2015-01-23. 山西大同杨家窑村：创建美丽宜居乡村. 农民日报，第 5 版.
国家统计局农村社会经济调查司. 2014a. 中国农村统计年鉴 2014. 北京：中国统计出版社.
国家统计局农村社会经济调查司. 2014b. 中国县城统计年鉴（乡镇卷）2014. 北京：中国统计出版社.
国家统计局人口和就业统计司. 2010. 第六次全国人口普查数据. http：//www. stats. gov. cn/tjsj/pcsj/rkpc/6rp/indexch. htm.
洪苗，颜晓强. 2016. 基于公众参与的“文化创意产业村”建设策略研究. 建筑与文化，(07)：199-201.
黄磊，邵超峰，孙宗晟，等. 2014. “美丽乡村”评价指标体系研究. 生态经济（学术版），30（01）：392-394+398.
贾安强. 2008. 社会主义新农村村庄建设规划研究. 保定：河北农业大学硕士学位论文.
蒋和平，朱立志，郝利，等. 2007. 新农村建设分类指导的政策建议. 农业经济问题，(06)：15-19+110.

焦振东，刘珊珊. 2017. 新常态视角下城市近郊村村庄空间探析——以邢台市西由留村为例. 小城镇建设，（05）：38-42.

金晓萌. 2012. 凤城大梨树村获评“中国幸福村”. 吉林农业月刊，（02）：19.

雷振东. 2005. 整合与重构——关中乡村聚落转型研究. 西安：西安建筑科技大学博士学位论文.

李红波，吴江国，张小林，等. 2018. “苏南模式”下乡村工业用地的分布特征及形成机制——以常熟市为例. 经济地理，38（01）：152-159.

李延彬，千庆兰，莫星，等. 2017. 广州小洲村创意产业、阶层与环境的变化特征. 广州大学学报（自然科学版），16（01）：79-86.

梁家春. 2016. 关于乡村创建特色旅游村的调研报告——以桂平市西山镇前进村为例. 法制与社会，（04）：193-194+199.

刘明国，才新义，冯伟. 2015. 内陆城郊村发展现状与走势探微——基于湖北省枣阳市王寨村的典型调查. 农村工作通讯，（06）：47-49.

刘琼. 2016. 村庄规划全过程公众参与研究. 成都：西南石油大学硕士学位论文.

刘彦随，朱琳，李玉恒. 2012. 转型期农村土地整治的基础理论与模式探析. 地理科学进展，31（06）：777-782.

龙花楼. 2013. 论土地整治与乡村空间重构. 地理学报，68（08）：1019-1028.

路百胜. 2011. 黑龙江省庆安县村集体经济发展研究. 北京：中国农业科学院硕士学位论文.

钱俭，郑志锋. 2013. 基于“淘宝产业链”形成的电子商务集聚区研究——以义乌市青岩刘村为例. 城市规划，（11）：79-83.

乔家君，赵德华，李小建. 2008. 工业发展对村域经济影响的时空演化——基于巩义市回郭镇21个村的调查分析. 经济地理，（04）：617-622.

孙德奎. 2004. 市场机制下的社会主义共同富裕道路——山东省龙口市南山村发展模式研究. 清华大学硕士学位论文.

唐代剑，过伟炯. 2009. 论乡村旅游对农村基础设施建设的促进作用——以浙江藤头、诸葛、上城埭村为例. 特区经济，（11）：155-157.

王建英，黄远水，邹利林，等. 2016. 生态约束下的乡村旅游用地空间布局规划研究——以福建省晋江市紫星村为例. 中国生态农业学报，24（04）：544-552.

王迎，王萌，陈梦莉. 2017. 安徽省美好乡村规划建设实践研究探索. 小城镇建设，（08）：39-47.

武君臣. 2015. 快速城镇化地区农宅建设与管理的思路. 第二届全国村镇规划理论与实践研讨会暨第一届田园建筑研讨会论文集.

席建超，赵美风，葛全胜. 2011. 旅游地乡村聚落用地格局演变的微尺度分析——河北野三坡旅游区苟各庄村的案例实证. 地理学报，66（12）：1707-1717.

徐呈程，许建伟，高沂琛. 2013. “三生”系统视角下的乡村风貌特色规划营造研究——基于浙江省的实践. 建筑与文化，(01)：70-71.
徐墨岩，冀伦文. 2017. 煤炭资源富集区农业现代化模式探究——以杨家窑村改善农民生计实践为例. 科技创新与生产力，(12)：7-11.
徐宁，梅耀林. 2016. 苏南水乡实用性村庄规划方法——以2014年住房和城乡建设部试点苏州市天池村为例. 规划师，32(01)：126-130.
杨忍，刘彦随，刘玉. 2011. 新时期中国农村发展动态与区域差异格局. 地理科学进展，30(10)：1247-1254.
杨忍，刘彦随，龙花楼，等. 2016. 中国村庄空间分布特征及空间优化重组解析. 地理科学，36(02)：170-179.
郧文聚，宇振荣. 2011. 中国农村土地整治生态景观建设策略. 农业工程学报，27(04)：1-6.
张富刚，刘彦随. 2008. 中国区域农村发展动力机制及其发展模式. 地理学报，63(02)：115-122.
张华. 2009. 区域特色农业持续发展诊断预警研究. 北京：中国农业科学院博士学位论文.
张文奇. 2014. 深圳凤凰古村公共服务设施配置研究. 哈尔滨：哈尔滨工业大学硕士学位论文.
张雪. 2015. 农村电商集聚空间演进机制与规划诉求. 2015中国城市规划年会论文集. 北京：中国建筑工业出版社.
赵霞，韩一军，姜楠. 2017. 农村三产融合：内涵界定、现实意义及驱动因素分析. 农业经济问题，38(04)：49-57+111.
郑斌，龚琦，马喜，等. 2014. 河南信阳郝堂村新农村规划建设经验与启示. 安徽农业科学，42(23)：7910-7912.
郑越，杨佳杰，朱霞. 2016. “淘宝村”模式对乡村发展的影响及规划应对策略——以浙江省缙云县北山村为例. 2016中国城市规划年会论文集. 北京：中国建筑工业出版社.
中华人民共和国住房和城乡建设部. 2007. 中国城乡建设统计年鉴2007. 北京：中国计划出版社.
中华人民共和国住房和城乡建设部. 2008. 中国城乡建设统计年鉴2008. 北京：中国计划出版社.
中华人民共和国住房和城乡建设部. 2009. 中国城乡建设统计年鉴2009. 北京：中国计划出版社.
中华人民共和国住房和城乡建设部. 2010. 中国城乡建设统计年鉴2010. 北京：中国计划出版社.
中华人民共和国住房和城乡建设部. 2011. 中国城乡建设统计年鉴2011. 北京：中国计划出版社.
中华人民共和国住房和城乡建设部. 2012. 中国城乡建设统计年鉴2012. 北京：中国计划出版社.
中华人民共和国住房和城乡建设部. 2013. 中国城乡建设统计年鉴2013. 北京：中国计划出版社.
中华人民共和国住房和城乡建设部. 2014. 中国城乡建设统计年鉴2014. 北京：中国计划出版社.
中华人民共和国住房和城乡建设部. 2015. 中国城乡建设统计年鉴2015. 北京：中国计划出版社.
中华人民共和国住房和城乡建设部. 2016. 中国城乡建设统计年鉴2016. 北京：中国计划出版社.
周斌. 2009. 寿光市生态农业发展现状及对策研究. 大连：大连理工大学硕士学位论文.
朱华友，蒋自然. 2008. 浙江省工业型村落：发展模式及其形成动力研究. 地理科学，(03)：

331-336.
专题记者. 2010-09-20. 安石镇朝阳村“五步棋”搞活民族村经济. 辽源日报，第 3 版.
专题记者. 2013-05-15. 农业部“美丽乡村”创建目标体系. 农民日报，第 5 版.
祖广伟. 2016. 基于地域性表达的一般村庄建筑风貌控制要素研究——以北京市延庆县四海镇南湾村为例. 北京：北京建筑大学硕士学位论文.
Lowe，P，Ward，N. 2007. Rural Futures:A Socio-Geographical Approach to Scenario Analysis，Institue for Advanced Studies Annual Research Programme，January 2007：9-10.

附录　快速发展村庄规划编制技术措施（草案）

第一章　总　　则

第一条　为了进一步规范村庄规划编制，引导快速发展村庄有序建设，根据《国务院办公厅关于改善农村人居环境的指导意见》（国办发〔2014〕25 号）关于“规划先行，分类指导农村人居环境治理”的要求，与《住房城乡建设部关于改革创新、全面有效推进乡村规划工作的指导意见》（建村〔2015〕187 号）“树立建设决策先行的乡村规划理念”的意见，特制定本技术措施。

第二条　本技术措施适用于全国快速发展村庄规划编制。快速发展村庄，应为具有一定人口规模和较为齐全的公共设施的农村社区，为城乡居民点最基层的完整规划单元，主要包括三种类型：

（一）受城镇发展因素影响，近期建设活动较多，同时被县（市）域村镇体系规划确定保留的村庄（含中心村、一般村）；

（二）经济发展较快，村民改造意愿强，同时被县（市）域村镇体系规划确定保留的村庄（含中心村、一般村）；

（三）具备现代农业及相关新型业态发展潜力，配套设施建设需求较大，同时被县（市）域村镇体系规划确定保留的村庄（含中心村、一般村）。

第三条　除上述类型以外，其余县（市）域村镇体系规划确定的中心村，以及受各类因素影响而整村搬迁的村庄，如需编制村庄规划，参照自然发展型村庄规划编制技术措施，或新型农村住区规划编制技术措施。

县（市）域村镇体系规划确定的一般村，以及特色风貌或地方民俗需要保护的村庄，如需编制村庄规划，参照缓慢发展型村庄规划编制技术措施。

已被纳入城镇规划建设用地范围的村庄，近期需严格控制村庄建设活动，由城镇规划统筹安排。

第四条　编制快速发展村庄规划，应当以新时代中国特色社会主义思想为指导，以全面建成小康社会、加快推进社会主义现代化为基本目标，坚持创新、协调、绿色、开放、共享的理念，实现产业兴旺、生态宜居、乡风文明、治理有效、生活富裕。

第五条 编制快速发展村庄规划，应当以指导村庄在快速发展阶段的各项建设活动为主要目的，确保资金配置和用地平衡切实可行，正确处理近期建设和长远发展的关系。

第六条 编制快速发展村庄规划，应当以农房建设管理要求和村庄整治项目为主，细化落实县（市）域乡村建设规划，坚持简化、管用、抓住主要问题的原则。

第七条 所在县（市）组织编制的城市总体规划和县（市）域乡村建设规划，应当作为快速发展村庄规划编制的依据。

第八条 编制快速发展村庄规划，应当遵守国家和所在省市有关标准和技术规范，采用符合有关规定的基础资料。

第二章 快速发展村庄规划的编制组织

第九条 快速发展村庄规划的编制应充分尊重实际情况。村民可通过村民会议或村民小组会议等形式提出建设需求、协商确定规划内容、规划期限。

第十条 快速发展村庄规划的编制主体为村民委员会。乡、镇人民政府应制定村庄规划编制提纲，组织动员村民委员会和村民协商编制规划，并依法组织规划审批。

第十一条 快速发展村庄规划的编制和咨询，可由大专院校、规划院和设计院等技术单位承担。

第十二条 规划申报、评审、批准遵照所在省市村庄规划管理有关规定。成果报送审批前，要经村民会议或者村民代表会议讨论同意。

第十三条 村民委员会应将经批准的村庄规划纳入村规民约一同执行，在村内立牌展示规划成果，确保村民看得到、看得懂。

第三章 快速发展村庄规划的编制要求

第十四条 快速发展村庄规划应包括村域规划、乡村发展指引和村庄与农房建设管理三项基本内容，视实际需要可选择性编制村庄整治项目安排、村落特色风貌规划与引导和规划实施保障等特色规划内容。

第十五条 历史文化名村、美丽宜居村庄、传统村落和特色景观旅游村庄等特色村庄应按照国家级有关部委要求编制相关规划。

第十六条 接受委托的规划编制单位应入村深入调查，确保村民全程参与，尊重村民委员会决议和村民意见。

第十七条 入村调查的范围包括但不限于上位规划与发展思路、自然环境、经济社会、用地及房屋、市政公用服务设施、道路交通、历史文化、村民组织与村风民俗等情况。

第十八条 快速发展村庄规划的各部分内容编制，应当按照以下原则：

（一）问题导向，负面控制，弹性发展。紧扣发展遇到的实际问题，实施负面清单管理，弹性处理近期建设和长远发展的关系。

（二）生态优先，盘活存量，传承特色。尊重与自然生态环境的结合关系，盘活存量建设用地，形成与城镇区别分明的乡村空间格局，塑造美丽的村庄形象。

（三）城乡统筹，多规协调，权责明晰。坚持城乡互补、统筹发展，依据依法批准的城乡规划，并与国民经济和社会发展规划、土地利用总体规划相衔接。

（四）尊重民意，保障权益，渐进引导。坚持农民主体地位，尊重农民意愿，将村庄建设与促进农民创业就业和增收相结合，发挥村庄规划的引导作用。

第十九条 广泛动员农民参与村庄建设组织实施，规划方案编制评议、农房设计和后期建设管理等全过程，应充分听取村民意见，保障农民决策权、参与权和监督权。

第四章 村域规划的编制内容

第二十条 村域规划涉及行政村范围内的土地利用、基础设施和农业生产设施等规划布局。

第二十一条 村域土地利用方面的重点规划内容包括：

依据县（市）域乡村建设规划等上位规划确定的村庄人口规模、建设用地总量、村庄居民点管控边界，结合村庄实际情况适当予以调整，确定规划期内村域建设用地规模，细化落实村庄居民点控制线、基本农田保护控制线和生态控制线等管控范围，划定村域内各类建设用地（含对外交通设施用地和国有建设用地），对村域水域和农林用地等对非建设用地进行细分，利用农村“四荒”（荒山、荒沟、荒丘、荒滩）资源发展多种经营，合理布置村域农业及畜禽水产养殖、场院及农机站库、各类仓储和加工设施与农家旅游等生产经营设施用地。

第二十二条 村域基础设施方面的重点规划内容包括：

对村域范围内的现状道路与基础设施建设和使用情况进行评价，落实县（市）域乡村建设规划等上位规划确定的村域道路系统（含机耕路）、主要交通设施（公交场站和停车场等）、供水、污水、垃圾治理、道路、电力、通信、防灾减灾和（新）能源等区域基础设施的空间布局、规模及建设标准，根据现有条件、实际需求和村民意愿，规划确定建设时序与各时期建设重点。

第二十三条 村域农业生产设施方面的重点规划内容包括：

（一）确定农机站、设施园艺、晾晒场、打谷场的选址、规模、布局，整治占用乡村道路晾晒和堆放等现象。

（二）确定畜禽养殖场、水产养殖场、特种养殖设施的选址、规模、布局，推进规模化畜禽养殖区和居民生活区的科学分离。

（三）确定农产业加工设施的选址、规模、布局。

第五章 村庄发展指引的编制内容

第二十四条 村庄发展指引的最基本内容是产业发展策略，根据实际需求可增加村庄发展定位、近期发展目标、规划衔接与政策整合研究。

第二十五条 明确村庄发展定位，根据村庄现状条件和上位规划要求，弱化对职能分工和产业定位的具体描述，突出村庄的地域特色和本土文化，激发村民乡情归属。

第二十六条 结合村庄发展定位和近期发展方向，从人居环境改善、人均收入提高、村民福祉增进和管理机制完善等方面，提出村庄近期发展的具体目标。

第二十七条 产业发展策略方面的重点规划内容包括：

在具体分析村庄的生态环境要求、可利用土地情况和与现状农业资源兼容性等方面的基础上，提出村庄产业发展负面清单，以创新开放的产业发展方向延伸农业产业链，拓展农业多种功能，大力发展适宜农村的新产业和农业新型业态。制定产业近期发展计划，遵循生态友好、空间集聚、用地高效的前提，明确产业类项目建设时序、空间选址、用地与设施需求。

第二十八条 规划衔接与政策整合方面的重点规划内容包括：

分析上位规划对村庄用地规模、产业发展和设施配套等内容要求。依据自身现状发展方向与发展速度，对照上位规划，明确其限制或不相适应的内容，在符合县（市）域乡村建设分区管控要求的前提下，提出与上位规划衔接过程中的延续内容和政策弹性调整空间，确立更加合理的用地、设施、产业规划方向。

第六章 村庄与农房建设管理的编制内容

第二十九条 在村庄居民点控制线范围内，确定不同性质用地的界线，确定各类用地内适建、不适建或者有条件地允许建设的建筑类型。

第三十条 确定各地块建筑高度和建筑密度等控制指标，重点地块应提出建筑、道路和绿地等的空间布局和景观规划设计方案。

第三十一条 预测宅基地总量，明确各户宅基地边界，提出新增、退出宅基地划分方案。

第三十二条 农房建设管理要求的最基本内容是农房四至和层数等，有条件的村庄可制定农房安全和风貌等规定。

第三十三条 农房四至、层数的重点规划内容包括：

综合考虑安全、自然环境条件和村民居住习惯等因素，进行农房建设用地选址，划定农房建设用地范围。明确建设主体和相应的用地性质，确定宅、院四至、占地面积和建设规模。

第三十四条 农房安全、风貌的重点规划内容包括：

依据上位规划确定的县（市）域乡村风貌规划分区，落实村庄所属分区的建筑风格、元素符号，明确农房建筑层数、屋顶形式和色彩等风格要求，提出农房占地面积、建筑面积、高度、建筑材料、墙体样式和门窗细部等的建设要求。落实农房抗震安全基本要求，提升农房节能性能。

第七章 村庄整治安排的编制内容

第三十五条 村庄整治安排的最基本内容是保障村庄安全和村民基本生活条件，在此基础上改善村庄公共环境和配套设施，按照依次推进、分步实施的整治要求，规划内容和深度应因地制宜。

第三十六条 保障村庄安全和村民基本生活条件方面的重点规划内容包括：

（一）村庄安全防灾整治。分析村庄内存在的地质灾害隐患，提出排除隐患的目标、阶段和工程措施，明确防护要求，划定防护范围；提出预防各类灾害的措施和建设要求，划定洪水淹没范围和山体滑坡等灾害影响区域；明确村庄内避灾疏散通道和场地的设置位置、范围，并提出建设要求；划定消防通道，明确消防水源位置、容量；建立灾害应急反应机制。

（二）农房改造。提出既有农房、庭院整治方案和功能完善措施；提出危旧房抗震加固方案；提出村民自建房屋的风格、色彩和高度控制等设计指引。

（三）生活给水设施整治。合理确定给水方式、供水规模，提出水源保护要求，划定水源保护范围；确定输配水管道敷设方式、走向和管径等。

（四）道路交通安全设施整治。提出现有道路设施的整治改造措施；确定村内道路的选线、断面形式、路面宽度和材质、坡度、边坡护坡形式；确定道路及地块的竖向标高；提出停车方案及整治措施；确定道路照明方式、杆线架设位置；确定交通标志和标线等交通安全设施位置；确定公交站点的位置。

第三十七条 改善村庄公共环境和配套设施方面的重点规划内容包括：

（一）环境卫生整治。确定生活垃圾收集处理方式；引导分类利用，鼓励农村生活垃圾分类收集、资源利用，实现就地减量；对露天粪坑、杂物乱堆、破败空心房、废弃住宅、闲置宅基地及闲置用地提出整治要求和利用措施；确定秸秆等杂物、农机具堆放区域；提出畜禽养殖的废渣、污水治理方案；提出村内闲散荒废地及现有坑塘水体的整治利用措施，明确牲口房等农用附属设施用房建设要求。

（二）排水污水处理设施。确定雨污排放和污水治理方式，提出雨水导排系统清理、疏通、完善的措施；提出污水收集和处理设施的整治、建设方案，提出小型分散式污水处理设施的建设位置、规模及建议；确定各类排水管线、沟渠的走向，确定管径和沟渠横断面尺寸等工程建设要求；雨污合流的村庄应确定截流井位置、污水截流管（渠）走向及其尺寸。年均降雨量少于 600 毫米的地区可考虑雨污合流系统。

（三）厕所整治。按照粪便无害化处理要求提出户厕及公共厕所整治方案和配建标准；确定卫生厕所的类型、建造和卫生管理要求。

（四）电杆线路整治。提出现状电力电信杆线整治方案；提出新增电力电信杆线的走向及线路布设方式。

（五）村庄公共服务设施完善。合理确定村委会、幼儿园、小学、卫生站、敬老院、文体活动场所和宗教殡葬等设施的类型、位置、规模、布局形式；确定小卖部和集贸市场等公共服务设施的位置、规模。

（六）村庄节能改造。确定村庄炊事、供暖、照明和生活热水等方面的清洁能源种类；提出可再生能源利用措施；提出房屋节能措施和改造方案；缺水地区村庄应明确节水措施。

第八章　特色风貌规划与引导的编制内容

第三十八条　村落风貌规划指引涉及风貌分区要求落实、村庄风貌提升、村庄绿化、历史文化遗产和乡土特色保护。

第三十九条　依据上位规划确定的县（市）域乡村风貌规划分区，落实村庄所属分区的田园风光、自然景观、建筑风格、元素符号和文化保护等风貌要求。

第四十条　村庄风貌提升的重点规划内容包括：

确定沟渠水塘、壕沟寨墙、堤坝桥涵、石阶铺地和码头驳岸等的整治方案，疏浚坑塘河道，保护和修复自然景观与田园景观。统筹利用闲置土地、现有房屋及设施等，改造、建设村庄公共活动场所，推进村庄公共照明设施建设。

第四十一条　村庄绿化的重点规划内容包括：

提出村庄环境绿化美化措施，确定本地绿化植物种类和主要绿化形式，划定公共绿地范围，提出村口、公共活动空间和主要街巷等重要节点的景观整治方案。

防止照搬大广场和大草坪等城市建设方式。

第四十二条　历史文化遗产和乡土特色保护的重点规划内容包括：

提出村落空间格局、村庄街巷、历史文化、乡土特色和景观风貌保护方案；确定保护对象，划定保护区；确定村庄非物质文化遗产的保护方案。防止拆旧建新、嫁接杜撰。挖掘传统民居地方特色，开展农房及院落风貌整治。

第九章　规划实施保障的编制内容

第四十三条　规划实施保障的最基本内容是明确规划实施责任人，有条件的村庄可以编制规划实施项目库，委派规划监管负责人。

第四十四条　编制村庄规划实施项目库，应明确项目规模、建设要求和建设时序。

第四十五条　建立村庄道路、供排水、垃圾和污水处理、沼气及河道等公用工程设施的长效管护制度，将管理责任落实到人。

第四十六条　完善村务公开制度，推行项目公开、合同公开、投资额公开，接受村民监督和评议。

第四十七条　有条件的村庄，可设置规划建设协管员，可由大学生村官或村主任兼任，加强村庄建设用地管理，重点审查新建农房风貌。

第四十八条　有条件的村庄，可委任乡村规划师，制定规划服务制度。

第十章　快速发展村庄规划的成果要求

第四十九条　成果表达应当简明、清晰、准确、规范，成果文件与附件、专题研究和分析图纸等表达应有区分。成果提交包括备案纸质成果与电子文件。必须向村民委员会提供相关最终规划成果。

第五十条　规划说明书内容包括：县（市）域乡村建设规划等上位规划解读、村域规划、村庄发展规划、村庄建设规划、农房建设规划、村庄近期建设项目安排、村庄规划实施保障与建议等。规划说明中应当明确表述规划的强制性内容。

第五十一条　规划图件分为规定性图纸和建议性图纸，规定性图纸为村庄规划必须包括的图纸，建议性图纸为结合村庄自身情况或特点增加的图纸。

（一）规定性图纸目录包括：

1）村庄区位图；

2）限制性因素分析图；

3）村域土地使用现状图（1∶10 000）；

4）村域发展与用地规划图（结合产业发展布局）（1∶10 000）；

5）村域道路交通规划图（可结合村庄道路交通规划图）；

6）村域公用工程设施规划图（包括设施点、管线、覆盖范围）；

7）村庄土地使用现状图（1∶2000）；

8）村庄用地规划与居民点管控边界图（1∶2000）；

9）村庄公共服务设施规划图；

10）村庄防灾减灾规划图；

11）村庄整治与绿化景观规划图；

12）农房建设规划图。

（二）建议性图纸目录包括：

1）航空影像图；

2）相关上位规划图（如乡镇域总体规划、区县村庄体系规划图则）；

3）村域生态与环境保护规划图；

4）村域自然景观资源保护规划图；

5）村域农业生产设施规划图；

6）近期建设项目布局图；

7）村庄规划总平面图；

8）村庄历史文化遗产保护规划图；

9）农房与特色民居设计图则；

10）其他。

第五十二条　规划附件包括用地平衡表、近期建设项目及造价估算表、现状情况调查表，以及基础资料汇编、村民意见反馈和专家论证意见等资料。

用地平衡表包括村庄现状用地平衡表、村庄规划用地平衡表、村域现状用地平衡表、村域规划用地平衡表。

第十一章　附　　则

第五十三条　规模较大的快速发展型自然村，规划编制可参照本技术措施。

第五十四条　对快速发展村庄规划文本、图纸、说明与基础资料等的具体内容、深度要求和规格等，由所在省市规划主管部门另行规定。

第五十五条　在快速发展村庄规划区内进行乡村建设的，需依法申请乡村建设规划许可。